京都大学学術出版会

生態学ライブラリー13

サルの生涯、ヒトの生涯

人生計画の生物学

D・スプレイグ

はじめに

年齢にこだわることが日本人のあいだによくあるように思う。たとえば、新聞やテレビに登場する人々の年齢がよく紹介される。歳が話題になっていない場合でも、名前とともに年齢がさりげなくテレビ画面に表れる。家族がそろって登場すると、ご夫婦とお子様一人ひとりの年齢が紹介されることまである。

なぜ、日本人はこれほどまでも年齢にこだわるのであろうか。私なりの感想としては、日本人は何らかの意味で「正しい生涯」を思い描いているのではないであろうか。そして、話題に上る人々を理解したり、評価するさいに、その「正しい生涯」と照らしあわせているのではないであろうか。すなわち、日本人は人々の生涯を思い描くことに、実は慣れている。もしかしたら、一般の読者は、研究者におとらず、生涯を思い描くことに慣れているかもしれない、と考えるようになり、この本のトピックを安心して選択するにいたった。

科学研究の諸分野において、生涯を「生活史」と呼ぶ。英語では文字通り生活の歴史、life history と書く。これを訳した日本語が「生活史」であろう。生活史を研究するということは、生涯で人々が何を経験するかを記録することから始まる。もちろん、まずは年齢から聞いておかなければならない。何歳でなにを経験したか、これを記録することが生活史研究の出発点である。日記をつけることと同じではないか、とひらめいた読者に言えることは、その通り、ただし、研究分野によって日記に書き込む事柄は異なる。

生物学にも生活史の研究は欠かせない。生物の生涯を調べて説明することも生物学の重要の役目の一つである。生物学者は生物種の日記を付けてあげることにより、その生物の生涯を探求する。

そして、近年では「生活史理論」と言われるほどの理論が体系化されてきている。この生活史理論は、現在の生物学の諸分野のなかで、進化論や生態学とならんで、生物を研究するための中心的な理論体系となりつつある。

生活史理論というと難しそうな印象をあたえてしまうかもしれないが、実は生活史の研究はけっして読者の皆さんの日常からかけ離れた現象を扱う学問ではない。また、生物学に基づく内容とはいえ、この本を読みながら難しいタンパク質の名前をたくさん覚えてもらう必要もない。

この本はサル類、すなわち霊長類の生活史の進化を主題としている。そして、ヒトを生んだ大きな生物の系統である霊長類、さらには哺乳類のなかで、ヒトの生活史を位置づけながら、話を進めていきたい。

ヒトの進化を扱う以上、この本は生物学的な要因の検討が人を理解するために欠かせない、という価値観にのっとっている。ただし、ここで扱う生物学的な要因とは、タンパク質や遺伝子配列ではなく、身体全体を意味している。呼吸して、食べものを消化して、成長しては、あなたとともに一生を過ごす、その身体全体をもって生物学的な要因と見なしている。心身ともに、この身体あっての私たちの生涯である。そして、自分の身体が持つ能力を発揮しては、一生を上手に過ごそうとする努力は、全ての生物に与えられている共通の課題と考えてもよいのではないか。

生活史理論をもって、生物の生活史がどこまで説明できるか、今も研究者のあいだでさかんに議論されている。ヒトはおろか、サルの生涯も現在の生活史理論では説明しきれない部分がまだまだ残る。しかし、生活史理論を使って、サルとヒトの進化を説明しようとする研究者は年々増えていると言える。この本では、その理論体系のほんの一部しか紹介することはできないが、生活史理論のもっとも基本的な原理を理解していただければ、著者として幸いである。

サルの生涯、ヒトの生涯◎目次

サルの生涯、ヒトの生涯

人生計画の生物学

D・スプレイグ

第一章◎生活史というあなた

1　一生の自分が自分自身

この本を手に持って読んでいるあなた、今の自分がまさしく自分であるとお思いであろう。しかしながら、今のみがあなたの全てではない。この瞬間のあなたは、ご自分の過去と未来を繋ぐ、生涯という物語の一コマなのだ。

この物語は、あなたが母親の体内で受精卵になった瞬間に始まってから途切れることなく現在にいたっている。この物語はあなたを過去から未来へ運び、あなたがお亡くなりになるまで必ず続く。

さてこの物語には、生涯の節目となる重大イベントや、避けては通れない発展の段階が連なる。こうした生涯のイベントと段階の連なりを「生活史」という。そして、生活史の思想では、あなたの生涯の物語すべてがあなたの生活史であり、生活史があなた自身なのである。

生活とは実に様々な事件や経験の連続である。少し、ご自分の過去を顧みていただきたい。すでに、色々な経験をなさっておられる。未来に思いを向ければ、様々な期待をもって将来の物語を描いていらっしゃるに違いない。誕生、就学、進学、卒業、結婚、出産、就職、昇進、定年、老後。あなたはこのような生涯の重大イベントをすでにご経験ずみか、将来に経験すると期待しておいでであろう。あなたという生活史を描きながら生きてきたあなたは、これからもあなたの生活史を全うするべく生き続けるのである。

2　生活史観

人生の節目の例は、今までのあなたの生活を顧みれば、あるいは身の回りの人々の生活を思い浮かべてみれば、豊富にあることにすでにお気づきであろう。現代社会で生活するには必要不可欠とされている生活の過程は実に多いし、年齢と順番がだいたい決まっている生涯の節目もまた実は多い。

生活史の理論では、生涯における各イベントを個別の一時的な事件としてのみとらえるのではなく、生涯を全うするうえで、各時点で生涯の次のステップを踏むための布石としてとらえる。この考え方によれば、生活史には重要な三つの特徴がある。

まず、生活の重大イベントには生涯における時期がある。たとえば、子供達のほとんどはだいたい六歳で小学校の一年生となる。生活史のもう一つの特徴は、生活の重大イベントには順番があることである。現代の日本人の多くは卒業、就職、結婚の順番でこれらのイベントを経験しているといえよう。

さらに、生活の重大イベントは、前後と相互に依存している。前のイベントが後のイベントの準備である場合は解りやすい。小学校の一年生は二年生の準備である。あるいは、学校を卒業したほうが就職に有利ということなので、多くの若者は卒業を確実にしてから就職先を求める。そして、就職して生活を安定させなければ、良い結婚相手に恵まれないと信じればこそ、結婚を就職してからに遅らせる若者も多いであろう。

もちろん、生活史イベントの順番や時期はかならずしも一定していない。生活史イベントは前後に変わりうるだけではなく、いくつかは完全に抜け落ちてしまう可能性すらある。このことから、一般的に生活史を研究するうえで鍵となる三つの設問が考えられる。

（1）生涯に必要不可欠な生活史イベントはあるか。
（2）生活史イベントに一定の順番や時期はあるか。

（3）生活史イベントに順番や時期があるとすれば、なぜそのような年齢と順番になるのか。

なぜ生活史がだいたい決まっているかを分析するには、生活史イベントの順番や年齢を置き変えてしまった、あるいは完全に飛ばしてしまった状況を想像すればよい。現代の日本ではまったく教育を受けないことは生涯に重大な支障となる。だからと言って、小学校にあがろうとする子を無理やり六年生から就学させればいたずらに苦労をさせるだけであることは、いかに教育熱心な親でも理解できる。充実した教育を受けられれば幸いだが、一方で教育期間が極端に長い研究者にとって、卒業、就職、結婚の順番は切実な問題である。自然科学の諸分野では博士号を取得しなければ大学への就職は難しい。だが、大学院生の多くにとって学位取得は二十歳代後半から三十歳代になるため、生活史は結婚、卒業、就職の順番になってしまい、家族に多大な苦労をかけてしまう。大学への合格率が一〇〇パーセントに迫っている昨今ではあるが、そのようなわけでこれからも博士課程への進学率はさほど増えないかもしれない。

人生の節目の順番は、あなたにとっても切実な問題かもしれない。だからこそ生物学者なんぞに自分の人生の生き方についていちいち善し悪しを論じられてはたまらない、と反発される読者もいるだろう。

確かに、似たような生活史をたどる人間が多いとしても、それぞれの人生は個人の勝手である。卒業、就職、結婚のどの順番が成功でどれが失敗かと判断する社会通念が存在するとしても、研究者はあろうか。このような設問に答えることこそが生物学における生活史理論の使命なのだ。

生活史理論の要の課題の一つは、寿命の長い、子の少ない生活史、すなわち、サルの生涯のような生活史を説明することにある。この課題を一般的な哺乳類とサルを対比させて説明してみよう。

イヌはだいたい二歳ぐらいで成熟し、繁殖できるようになる。しかも、イヌの母親は複数の子供を一度に産むことができる。ところが、ニホンザルを例にとると、若いサル達はおおむね五歳ぐらいで成熟し子供を作ることができるようになる。多少の変異が生活史（すなわち個体）の間にあるが、いくつものニホンザルの生活史を観察して最初に繁殖する年齢の平均を計算してみると、その平均は一歳でも十歳でもなく、五歳ぐらいに収斂されている。そして、ニホンザルに限らず、数種の例外を除いて、サルの母親は一度に一頭の子供しか産まない。サルの成長はイヌより二倍の時間がかかっているうえに、子供の数が少ないことに特徴がある。

つい先程に読んだことと矛盾しているではないか、とお思いになった読者の方は大事な点にお気づきである。なぜなら、生物学の理論では、生涯を全うするということは繁殖して子孫を残すことにつきる、と明言したばかりでもある。だったらサルはイヌよりこの点で劣ってしまうではないか。

私たち生物は一回しか生きることができない。その一回だけの生涯において、可能なかぎり子孫を残すために必死で生きているはずが、わざわざ成長を遅らせるうえに子の数を自粛するサルの存在は不可解ではないか。この矛盾は、たとえば身体の大きさだけでは説明がつかない。単純に考えると身体の大きさが倍あれば、成長に倍の時間がかかると推測できるが、イヌとニホンザルとでは身体の大たい。そこには平らな爪がある。その平らな爪は哺乳類のなかでは立派なサルの特徴である。さらに、親指とその他の指でページを挿んでいることだろう。親指で摘まむその行為、これもサルならではの行為なのだ。

あなたはサルである以上、その他の哺乳類とは異なるサルとしての生活史を歩まなければならない。サルとしての生活史は他の哺乳類とどこが異なるか。たとえば、妊娠期間、成長速度、成熟年齢、一度に出産する子供の数、寿命、といった生涯の節目はサルとその他の哺乳類とどう違うのか。さらに、サルのなかでもとりわけヒトというサルの生活史にはいかなる特徴があるか。

以上の設問に答える研究の分野が生物学と人類学における生活史の研究であり、この本の本題である。

4　生活史理論

生物の生活史の研究を導く理論体系を生活史理論という。

この理論体系はもちろん生物の種類毎による生活史の違いを説明しようとする。生物は、何年ほど成長に費やしてから、いつ、何回、一度にどれだけの、どのくらいの大きさの子をつくるべきなのでらわなければならない。生まれたらしばらくはまだ母親に授乳してもらわなければならない。やっと乳離れしても、独立した個体としての生涯の第一歩を踏み出したにすぎない。その後は自分で餌を探し、日々の生活で栄養を取りながら捕食者や怪我を避け、親兄弟と協力したり喧嘩したり社会での地位を確立し、何とか毎年生き延びながら成長し、いずれは繁殖を試みる。とはいえ、生き物一般でいうと、なんと、途中で死んでしまう個体がほとんどなのである。自然界では生涯を全うできる個体は実は少ない。

生物学の理論では、生涯を全うするということは、繁殖して子孫を残すことにつきる。生活史の各イベントに注目していえば、これも究極的には、繁殖につながるかどうかによって次世代の生活史に現れるかどうかが試される。ただし、子孫を残すと一言で言っても、その方法は生物の種類だけある。いや、各種の個体の数だけ子孫を残す方法があると考えたほうがよいかもしれない。そして、各種の各個体の子孫を残すための多様な生活史が生物の世界で繰り広げられていく。長期的には、生活史によって多少の繁殖成功度に差があるという実績の積み重ねが、世代を重ねていくうちに生活史に反映されて変化が生じ、生活史の進化が発生するものなのである。

哺乳類も様々な種類に進化してきた。そのなかにはクジラやウシ、ネコ、ネズミ、そしてサルがいる。あなたは哺乳類という生物であると同時にそのなかでもまた大きく区切るとサル（霊長類）という生物でもあり、うそだと思っても、あなたの身体はサルの特徴を数々持ち合わせている。

たとえば、この瞬間、この本のページを押さえている親指を、ちょっと目をそらして見ていただきあえて人の生活の勝敗を云々する必要も権利もない。社会の制度が生活史イベントの順番とその損得をある程度は規定しているとしても、社会と文化に規定される生活史は柔軟である。卒業、就職、結婚の順番はあなたの自由。そのうちの一つや二つ、あるいは全てをスキップしても、他人に迷惑をかけなければ、そしてご自分が納得して充実して生きるのなら構わない。あなたはご自分独自の生き方を全うしていただきたい。

3　あなたはサルの生活史

社会と文化が柔軟とは言え、人間である以上、避けられない生活史は存在するのではないか、と疑う読者もいらっしゃるかもしれない。

そのとおり。ヒトという生物である以上、あなたにも私にも、避けて通れない生活史がある。誕生した後に成長し、成熟し、その後は老化を経て、地球上の全生物と同じように死を迎えなければならない。

さらに、あなたは母親から生まれた哺乳類という種類の生き物である。哺乳動物の生涯は危険に満ちた長い道のりである。まずは、母親の体内で受精卵となり、適当な妊娠の期間を経て、出産してもきさはさほど変わらない。種類によってはニホンザルより大きいイヌもいるではないか。にもかかわらず、サル一匹が成熟するまでにイヌは何匹もの子供を作ってしまうかもしれないのはなぜなのか。

不可解なサルの生活史のなかでも最も不可解なのはヒトの生活史かもしれない。なぜならば、ヒトはサルのなかでも成長時間が最も長く、寿命も長い。ヒトの身体はサルとしては大きいほうだが、進化の系統として最も近いチンパンジーとはさほど変わらないし、ゴリラに比べればまだ小柄である。しかし、ヒトの母親は、普通はやはり一度に一人しか子供を産まないのはなぜであろうか。

サルとヒトの不可解な生涯を説明するために、生活史理論では一見生物学らしからぬ要因を研究しなくてはならない。その代表が寿命、出産、そして、成長、である。

なぜ生活史の研究者が、厚生労働省や保険会社にふさわしそうな研究をするのか。それは、実に生活史理論が「厚生」と「保険」の思想と通じる部分を多分に含んでいるからにほかならない。生活史には、上手に食べて成長して繁殖するための努力の配分のバランスからなる厚生的な側面とともに、生活努力と死亡確率の駆け引きからなる、生命保険の掛け金の計算にも酷似した、言ってしまえば「近いうちに死んでしまう可能性」を考慮する生涯計画の側面からなる。

危険をおかして繁殖につとめても、早死にしてしまえば元も子もない。しかし、長生きしても繁殖しなければ遺伝子が次世代につたわらない。生活史は、生存努力・繁殖努力とそれらの努力にともなう危険との駆け引きからなる、各生物種に特有の計算結果である。

よって、生活史の研究は必然的に厚生的な生活と成長に関する情報と、保険のリスク管理に使用するような情報を研究データとして集積する必要に迫られる。これらの要因を個体の年齢と組み合わせたデータ、すなわち「年齢別統計」が生活史研究の基盤となる。具体的には年齢別の生存率、出産率、そして成長率が、生活史の研究者にとっての貴重なデータなのだ。

では、聞きなれない「年齢別統計」とはいかなるものなのか、次章に読み進んでいただきたい。

第二章◎
共に生きる我らの人生

1　年齢別統計の妙

たとえば「経済指標」という用語は、新聞やテレビでよくお聞きになるだろう。国民一人当たりの総生産や平均所得などのこうした指標は、時代や国と国との比較に役立つ定番である。

一方、あまり馴染みのなさそうな指標を一つあげてみるとすれば、「全国平均身長」はどうか。それもそのはず。日本人の身長の平均を計算したとしても、赤ちゃんから老人まですべての人の平均身長の数値はそれ自体あまり意味を持たない。身長が年齢とともに変化することは誰でも知っている。それよりは大人だけの身長の平均を計算してみれば、だいたい成長を終えた大人の身長の、時代毎の変遷や国際比較として意味を持つ。また、すべての年齢層を対象にする場合でも、全部をひっくるめるのではなく、一年毎の年齢の平均身長を計算して、各年齢の子供や青年や老人の身長の国際比較をしてみたら意外と面白いではないか。そう思ったときに、あなたは生活史の研究者となる。

身長を例にとったが、いかなる変数でもよい。年齢別で整理して、表にでも図にでも、年齢を軸にして並べると、ちょっとした魔術が起こる。生命の生涯がそこに描かれる。各々の生涯を描くには丹念に各々の成長と経験を記録して見ていただきたい。すると、生命の各個体によって違う生涯が描かれる。自分の生涯を他人と比較したり、日本人として、人間として、あるいは生物として、どのような生涯を生きているのかを検討するためには大勢の人々、あるいは多数の生物の多くの個体の生涯を記録して分析しなければならない。よって、生活史を描く年齢別統計は私たちが共に生きる生涯を描くことになる。

年齢別の統計は、ほぼ三種類に分けられる。以下に、この章で説明する順番で紹介しよう。最初の二つは、生涯における重大イベントや状況を記録する方法にかかわるものである。

まずは、一生に一度経験する重大イベントが起こる年齢。この代表が死亡年齢だが、こうした年齢は研究者にとっても一般社会にとっても重大な関心事である。また、生涯においては様々な重大イベントが次から次へと起こる。人間の子供に限らず、哺乳類の子ならば離乳、乳歯から永久歯へのはえかわり、成熟、初産など、生活史の研究者はすべての重大イベントが起こった年齢を調べてゆく。

次に、生涯に繰り返し経験しうる重大イベント、あるいは継続的に経験する状況を年齢で整理した統計が生活史の研究に役立つ。この統計は、人間が対象であるならば、注目すべき重大イベントが各年齢を構成する人々のうち、何人、あるいは何割が経験しているかを調べるものである。この代表が女性の年齢別の出産率である。社会的な例としては年齢別の交通事故率などがあげられる。また、一過的な事件にとどまらず、人々が経験する状況を年齢別で整理すれば、就学率や就業率も生活史の研究の対象になりうる。

最後に、誰でも持つ身体や社会的な特徴を数値で測る変数があげられる。身長、体重のような、身体測定に基づく変数は最もありふれた種類の変数だが、より社会的な変数に注目するとしたら学校の成績であれ年収であれ、数値で測定できるどんな変数であっても、年齢別で整理することにより生涯を描ける。

生活史の研究者は、以上のような様々な種類の年齢別統計を駆使しながら生物の種類の比較、国際的な比較、あるいは時代の変遷といったものの分析を通して、私たち一人一人の生涯をも説明しようと営々と努力している。

(一) 寿命の軌跡――生存曲線

死亡年齢が判明していると、平均寿命という、国際比較にもよく使われる生活の質を測る目安を計算できる。その名のとおり、平均寿命は生物の個体が生まれてから生き延びた年数の平均である。二〇〇二年の計算では、日本人の平均寿命は男性が七八歳で女性は八五歳だそうである。ところが、この平均寿命という数値はちょっと一筋縄ではいかない。

平均寿命の年齢に達すると急に皆が死んでしまうことはなく、若者の死亡や長寿のご老人が存在しないわけでもない。平均寿命は、乳幼児のうちに亡くなった方から百歳をこえて亡くなった方まで、一国の全員の寿命の平均である。すなわち、若くして亡くなる個体が多いと平均寿命は下がる。幼児死亡率が高い、子供の病気が多い、若者の事故が多発する、そのような社会の平均寿命は低くなる。しかし、平均寿命はあくまで全体を一つの数値で大雑把に要約する、ただの計算結果である。ただの平均値では生涯の危険地帯は何歳ぐらいなのか、どのような人が何歳ぐらいまで生き延びるのか、生活史の研究者が興味を注ぐ生涯の難所を示す情報はあえて無視される。せっかく年齢と寿命を調べたならば、生活史を描くようにデータを整理したいものである。

そのための方法を紹介すると、前述の第一の年齢別統計が登場する。

生活史研究の基本中の基本となる重要な図を紹介しよう。他ならぬ生存曲線である。生存曲線という表現がわかりにくいならば、寿命の分布図とも言いかえられる。人口学の言い方では年齢別生存率を表す図である。年齢別生存率とは、生物が生まれてから、ある特定の年齢まで生き延びる確率のことである。

図2-1に厚生労働省発表の二〇〇一年の日本人の生存曲線を引いたのでよくご覧になっていただきたい。横軸の目盛りは年齢である。縦軸は生存のパーセントで、曲線は各年齢まで生き延びると予

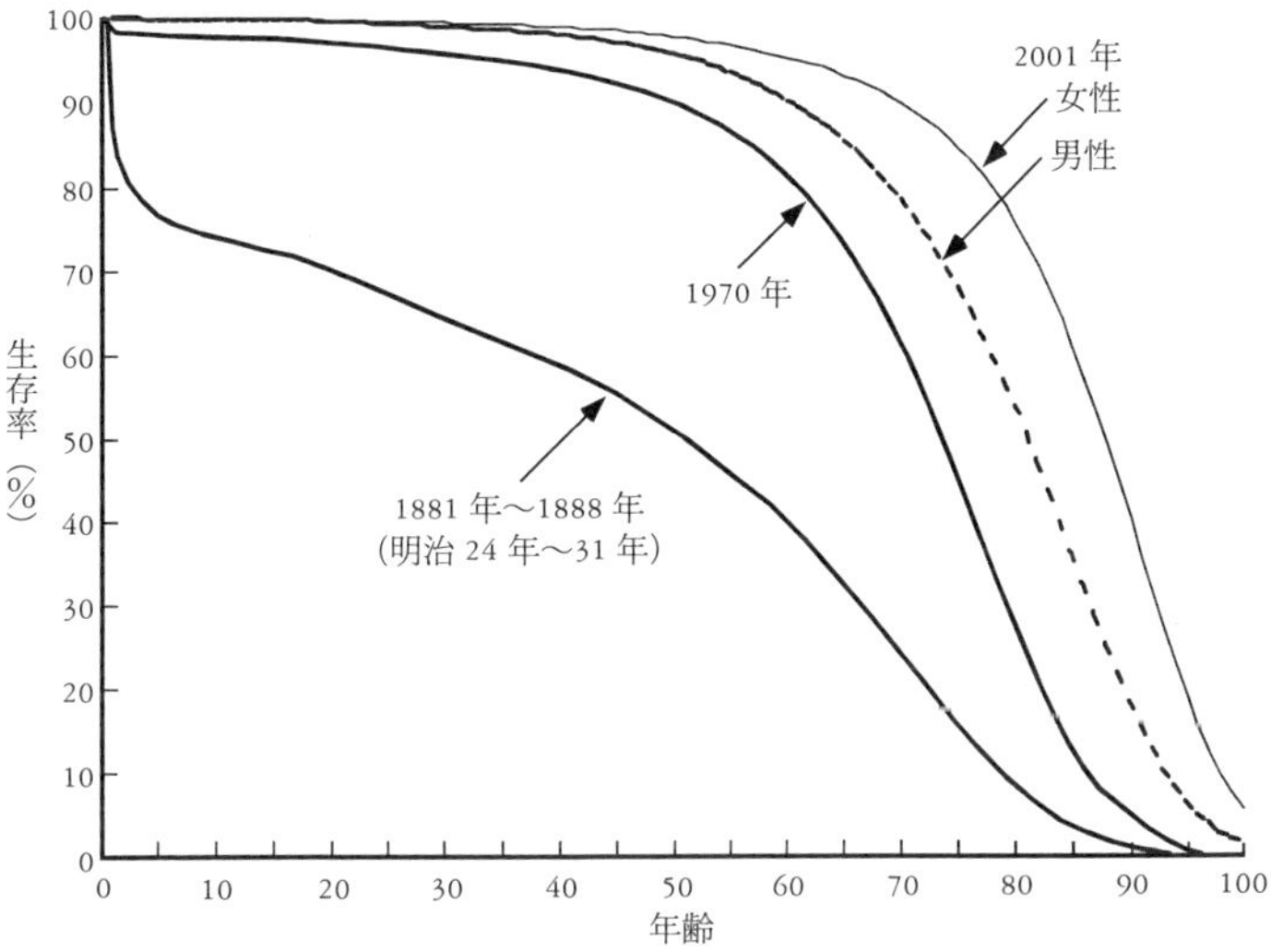

図 2-1　日本人の 2001 年における生存曲線
出典：厚生労働省　平成 13 年簡易生命表

測される日本人の割合を示す。

生存曲線を少し解読してみよう。まず、左の端を見ると、曲線がゼロ歳で一〇〇パーセントから始まる。ゼロ歳とは生まれた瞬間の乳幼児のことであるが、生存曲線は生まれた瞬間を生涯の出発点として、その時点での生存率を一〇〇パーセントと定義する。次に、曲線の右端を見てほしい。曲線は一〇〇歳あたりでゼロパーセントに近づいてしまう。一〇〇歳以上まで生き延びる日本人は非常に少ないからである。

さて、生存曲線を最初から終わりまでたどってみよう。曲線の角度が急になると死亡率が高く、角度がなだらかだと死亡率が低い状況を示している。途中の曲線の角度は微妙に変化しながら推移するが、曲線が上ることはもちろんありえない。生まれたばかりの乳幼児を示す生存率一〇〇パーセントから出発した生存曲線は、緩やかな角度で下がっていく。つまり、生存率がかなり高いことになる。ただし、曲線は完全に平らにはならない点に注意してほしい。やはり各年齢で子供や若者が死んでしまっているからである。さらに曲線上を先に進むと徐々に角度が急になってくる。老化にともなう生涯の節目にさしかかっている状況が曲線の推移に現れている。図には男女の生存曲線をそれぞれ表したが、男性の曲線が女性のそれよりもやや低いところで推移していることから、男性の生存率が女性よりも若干低いことが読み取れる。

図2-1の生存曲線から特定な年齢まで生き延びる確率を読み取ってみよう。まず、注目する年齢を選ぼう。日本人にとって、人生の節目として大事とされる還暦の場合を見てみよう。年齢を示す横軸の六〇歳を示す位置を図2-1から見つけよう。次に、六〇歳の上に推移している曲線の位置を確認してから、その高さの横軸の値を読んでみよう。現在の日本人が還暦を迎える割合は男性で約九〇パーセント、女性では約九五パーセントといったところらしい。

長寿社会の生存曲線は全体的に高いレベルを推移し、右にシフトする。名前をつけるならば「台地型」の生存曲線と言える。この台地型の生存曲線は近代の先進諸国の特徴である。実は、台地型の生存曲線は人類の歴史では類例のない長寿社会の賜物であり、衛生、栄養、医療の向上に日々努力している社会のおかげで初めて実現したことを忘れてはならない。

したがって、生活史の研究者にとって人類の生涯の難所を調べるためには、最近の日本のような長寿社会はあまり向いていない。こうした長寿社会はごく最近に達成されたにすぎない。少しでも歴史を遡ると、生存曲線の形は変わり、生涯の難所がはっきりと見えてくる。

二〇〇一年の生存曲線を図2-1に表したが、その三一年前の一九七〇年の生存曲線も図に加えた。この曲線を最初からたどってみると、生まれたばかりの乳幼児を示す生存一〇〇パーセントから出発した生存曲線は、一歳から二歳あたりでいったんはがたんと落ちてしまう。ここに幼児死亡率が生存曲線に反映されている。残念ながら、医学が進歩したとはいえ、現代社会においても、生まれた直後が生涯の難所であることには変わりはない。生存曲線の急角度がそれを表している。一方、百歳を越える長寿の方もこの生存曲線で記録されているが、その方々の生存確率を示す曲線はこの図では表せないほどゼロパーセントに接近している。

次に一八九一〜一八九八年（明治二四〜三一年）の、厚生労働省が発表している最も古い日本の生存曲線を見よう。激しいばかりの人生の消耗度ではないか。当時の日本人の生活がいかに厳しいものであったかを生存曲線は表している。

まず、最初から曲線をたどってみると、幼児死亡率の高いことに驚く。一歳で約一五パーセント、六歳までには約二五パーセントの幼児がすでに亡くなっている。子供期から曲線の角度は緩やかになるが、現在では想像できない急角度で曲線は推移する。子供期を経て二〇歳あたりでやや急になり、また五〇歳代でまた少し急になる。生存率は二〇歳で約七〇パーセント、還暦では約四〇パーセント、それぞれ二〇〇一年と比較して二〇歳で三〇ポイント、還暦で五〇ポイントあまりも違うことがわか

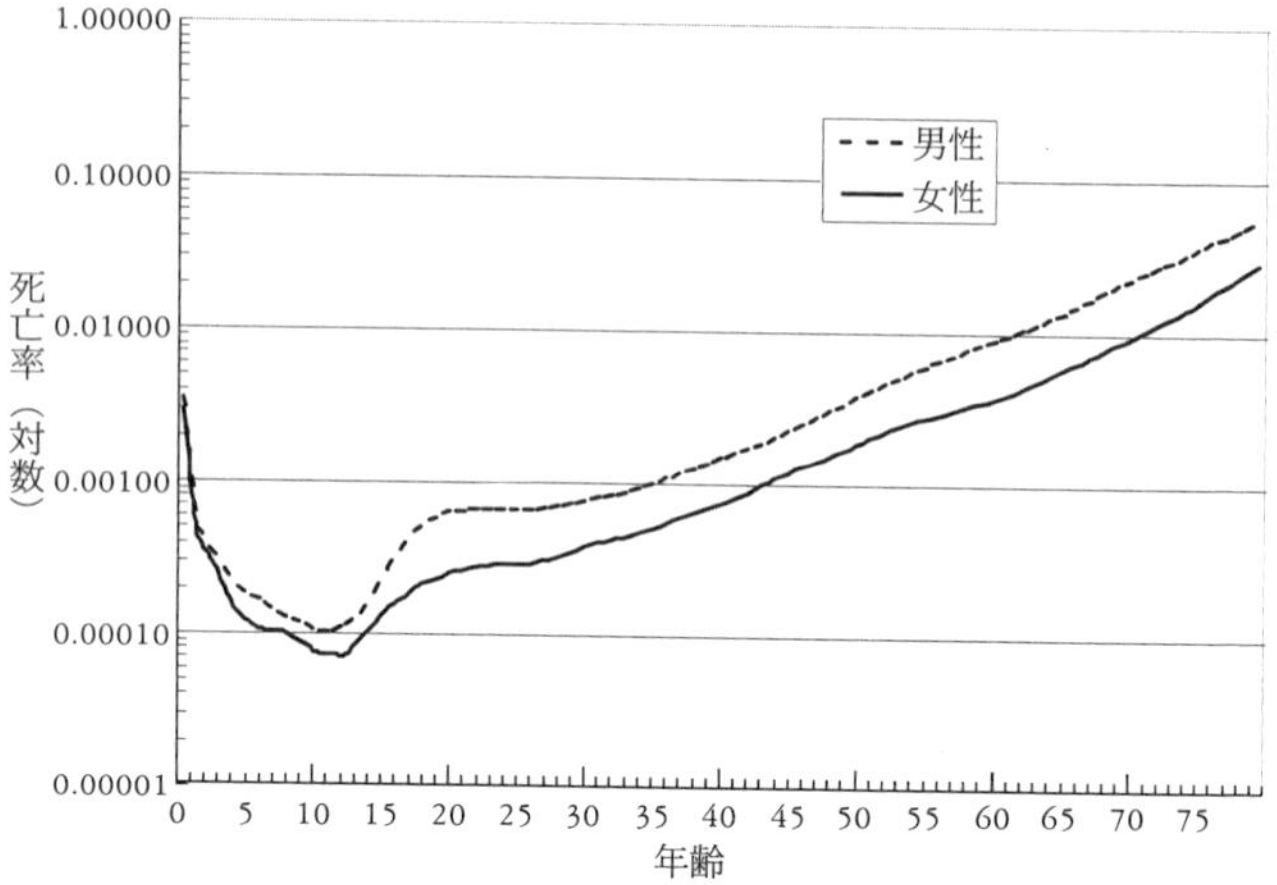

図 2-2　日本人の 2001 年における年齢別死亡率
出典：厚生労働省　平成 13 年簡易生命表

る。

実際に生存曲線を見て、二つ重要なことが解ってくる。まず、全体的に現在の生存率は過去に比べて非常に高くなったこと。そして、生涯の難所は幼児期と、ちょうど大人になる二〇代にあること。これは明治期の生存曲線では特に明らかだが、二〇〇一年の曲線も詳細に分析すると同じパターンが現れる。

生存の裏返しとも言える年齢別死亡率を統計学的な顕微鏡で分析してみよう。二〇〇一年の死亡曲線を図2-2に表したが、縦軸にちょっとした統計分析の細工をしてある。縦軸は年齢別の死亡率を対数で示し、一目盛り毎に数値が十倍も増える仕組みにしてある。これによって、非常に小さい数値と大きい数値を一本の軸に収めて、生涯に大きく変化する死亡率をこの一枚の図に表せる。この図によって、図2-1の生存曲線にはよく

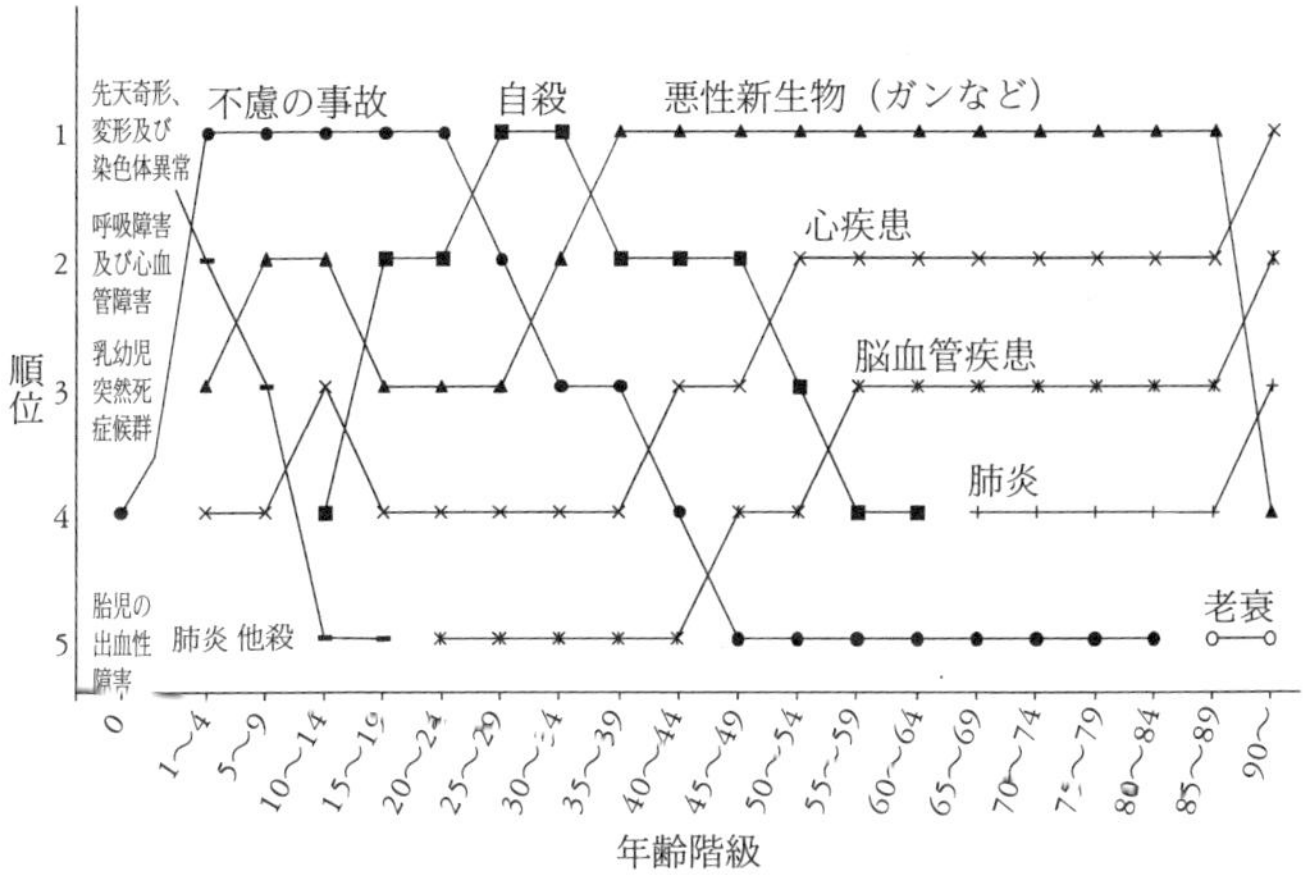

図 2-3　日本人の 2001 年における年齢別死因順位（5 位まで）
出典：厚生労働省　平成 13 年人口動態調査

見えない生存率の変化が見えてくる。そうしてみると、程度の差はあれ、明治期の日本と現在の日本における生涯の難所は同じ時期にあることがわかる。

　現在でも幼児の死亡率は、あとから続く子供期の死亡率に比べてやや高い。生涯で最も死亡率が低い時期は、約一〇歳から一二歳の年齢にあたるようである。思春期とともに死亡率は上昇を始め、そして、大人になる二〇歳前後でまた死亡率は跳ね上がる。また、生涯を通して女性よりは男性のほうが死亡率がやや高く推移する。

　この本を読んでいる若い皆さんも、あなたがたの年齢の生存率が昔に比べてかなり高いとはいえ、油断は禁物。厚生労働省のデータによると一五歳から二四歳までの死亡原因のトップは「不慮の事故」とのこと（図2-3）。せっかく長寿社会に生活しているにもかかわらず「不慮の事故」で亡くなってしまうのは損だとは思いませんか。健康に注意するのは年齢を問わず大事だし、さらに事故に遭わぬよう、くれぐれもお気をつけいただきたいものなのです。

(2) 年齢別出生率

二種類目の生活史データは、繰り返し起こりうるイベントまたはなんらかの継続する経験をしている、個体の年齢毎の数や割合が基になる。一生に繰り返し起こりうる生活史の重大なイベントの代表には出産、すなわち人口学でいう「出生」がある。

出生は生存とならんで生物学における生活史の研究に欠かせない基本中の基本となる情報である。ただし、生涯における出生の様相は、生存と比べてまったく異なっている。誰でも必ず生まれたわけであり、いずれ必ず訪れる死は何歳にでも起こりうる。こうして生存曲線は一生に一度しか起こらない死亡の年齢の記録からつくられる。

出産はまったく違う。まず、一生に必ず起こるイベントではない。子供をもたない人々が大勢いる。一方で、子沢山な家族がいるということは、一生に繰り返し出産する人々も多い。さらに、出産には年齢制限がある。出産は何歳にでも経験しうる性質のイベントではない。

出生の記録を年齢毎に分けて整理すると、各年齢で出産を経験した女性の人数、あるいは割合が表せる。図2-4に厚生労働省の発表したデータをもとに二〇〇一年の日本人の女性の出生率を示した。

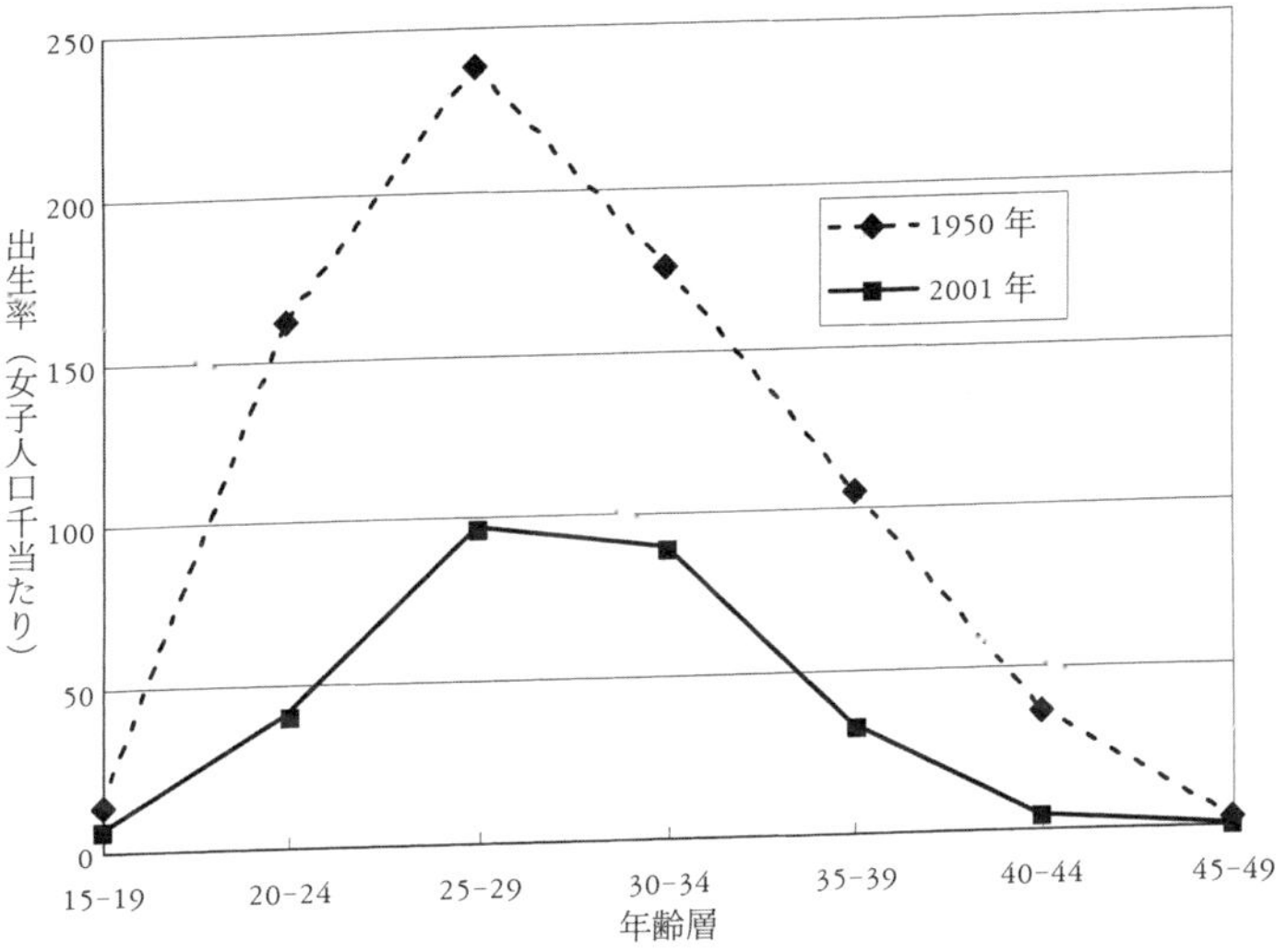

図 2-4　1950 年と 2001 年の日本の女性の年齢別出生率
出典：厚生労働省　平成 13 年人口動態調査

横軸は年齢、縦軸には出産を経験した女性の割合を示した。それぞれの年齢における曲線の高さが二〇〇一年の日本の女性の「年齢別出生率」を示していることになる。

年齢別の出生率の曲線をたどってみよう。曲線は緩やかな山形になる。生存曲線と同じようにゼロ歳から始めるとしても、かなり長いあいだ曲線はゼロの値をたどっている。ようやく一〇代の後半から曲線はゼロを離れて上昇し始める。二〇歳を過ぎると曲線はどんどん上昇する。そして三〇代に入ると曲線は徐々に下降し、約四五歳ぐらいでまたゼロに近づく。

このように曲線は現在の日本人の女性の出産の生活史を表している。最も早く出産を経験した女性は約一五歳であった。図では見にくいが元のデータによると二〇〇一年における最年少の出産は一四歳未満で四五人であったそうだ。しかし、一〇代の若さで出産を経験した女性はまだ少なく、一五〜一九歳の女性のあいだでも一パーセント以下であった。やはり、二〇代後半から三〇代前半の年齢で出産を経験する女性の割合が高く、最大値は二五〜二九歳の九・六パーセントであった。四〇代には出産を経験する女性の割合はかなり低いが、二〇〇一年のデータによると、五〇歳以上で出産した方は四人であったそうだ。

二〇〇一年の年齢別出生率の曲線は生存曲線と同様、現代の社会の賜物なので、人類の典型的な出生の生活史を表しているとは言いにくい。少しだけ歴史を遡った一九五〇年の年齢別出生率を調べてみよう。すると、出産の生活史も歴史的に変化してきたことが解る。ただし、生存曲線のように二〇〇一年と一九五〇年の間に非常に変化したわけではなく、出生曲線の形状自体は似通っている。過去も現在でも出生曲線は緩やかな山形なのである。二つの時代の間に変化した点は曲線の推移する高さである。この年は戦後直後のベビーブームの最中で、出生率は特に高い年であったはずである。実際に日本人の女性の出生率も現在よりはるかに高かった。

図2-4に一九五〇年と二〇〇一年の年齢別出生率を一緒に表したが、ベビーブーム期の曲線は平成期の曲線よりもはるかに高い領域を推移している。ベビーブーム期ではすでに一五〜一九歳の女性の一三・三パーセントが出産を経験していた。最高の割合では二五〜二九歳の女性のなんと二四パーセントが出産を経験していた。実に、ベビーブーム期の女性は二〇歳から三九歳まで二〇〇一年の最高値を上回る出生率を保っていた。女性達がつい最近までいかに出産と子育てに生涯を捧げていたかが

理解できる。

（3）あの子は歳のわりには……

お子様をお持ちの方ならば「家の子は三歳のわりには小さいので……」、あるいは「あの子は六年生にしては背が高いから……」などの表現を自分で使ったか、身近で聞いたことがあるだろう。親ならば何気なく使う表現かもしれないが、実は生活史の基本的な原理を踏まえた表現である。歳相応の「何か」があることを表現しているのだ。親であれば子供の成長について色々心配するが、どんな親ばかであっても、自分の子供の成長を何歳も年上や年下の子と比較しても意味がないことをおおよそ知っている。だいたい同じ年齢の子供同士を比較して、自分の子供が小さいのか大きいのか、心配をしたり、誇らしげに思ったりするのが親心であろう。ここに三種類目の年齢別統計の原理が潜んでいる。

研究者が興味をもって数値で測る身体や生活にかかわる様々な特徴のすべてについて年齢別で整理すると生活史が定量的に描ける。そして、私達は実は自分の生活のなかで生活史を踏まえた知識を持ち、生活のあらゆる場面でその知識を活用している。衣服や靴は、体形や体重が年齢などとともに常に変化するので頻繁に買い変えなければならない。育ち盛りの若者にとっては適当かもしれないスタミナ食を中年になってから毎日食べ続けるとすぐに成人病になってしまうので、食事は年齢に見合ったものでなければならない。住まいも子供の成長や老後にあわせて住み替えたり建て替えたりする家族が多い。

ただし、生涯の特徴を表す変数には二面性がある。いろいろな特徴は年齢とともに変化するが、同年齢であっても差異が多い。図2-5に日本のゼロ歳から六歳の男子の身長と体重を示した。男の子の身長がどんどん伸びていく状況がよく見られる。ただし、図をよく見て、線が五本あることに注意していただきたい。この図は子供達の成長にともなう身体の二面性を表している。図の五本の曲線は全体の傾向だけではなく、同じ年齢でありながらも身長や体重にはかなりのばらつきがあり、生物の成長を理解するための秘訣がよく見えてくる。

身長の図をよく見てみると、真ん中を通る線は各年齢の身長の中心値を示している。各年齢の子供の身長を並べた時の中心の身長である。たとえば、学校のクラスの生徒に身長の順に並んでもらい、ちょうどクラスの半分にあたる子供の身長が図の中心線に近いはずである。上下の曲線は各年齢における身長の上から三パーセントと九七パーセントの境界になる。六歳の子供の三パーセントは一二二センチメートルより身長が高く、三パーセントは一〇五センチメートルより低いことが図を読んで解る。すなわち、六歳の子供の九四パーセントは約一〇五センチメートルと一二二センチメートルの間に収まっているということにもなる。

子供の歳相応の身長を厳密に科学的な方法で計算するには、まず身長を正確な物差しや身長測定台で測定しなければならない。また、ある日の一人の子供の身長を測るだけでは生活史のデータとしては不十分である。当然のことながら、年齢の判明している複数の子供の身長を測定し、年齢と身長が

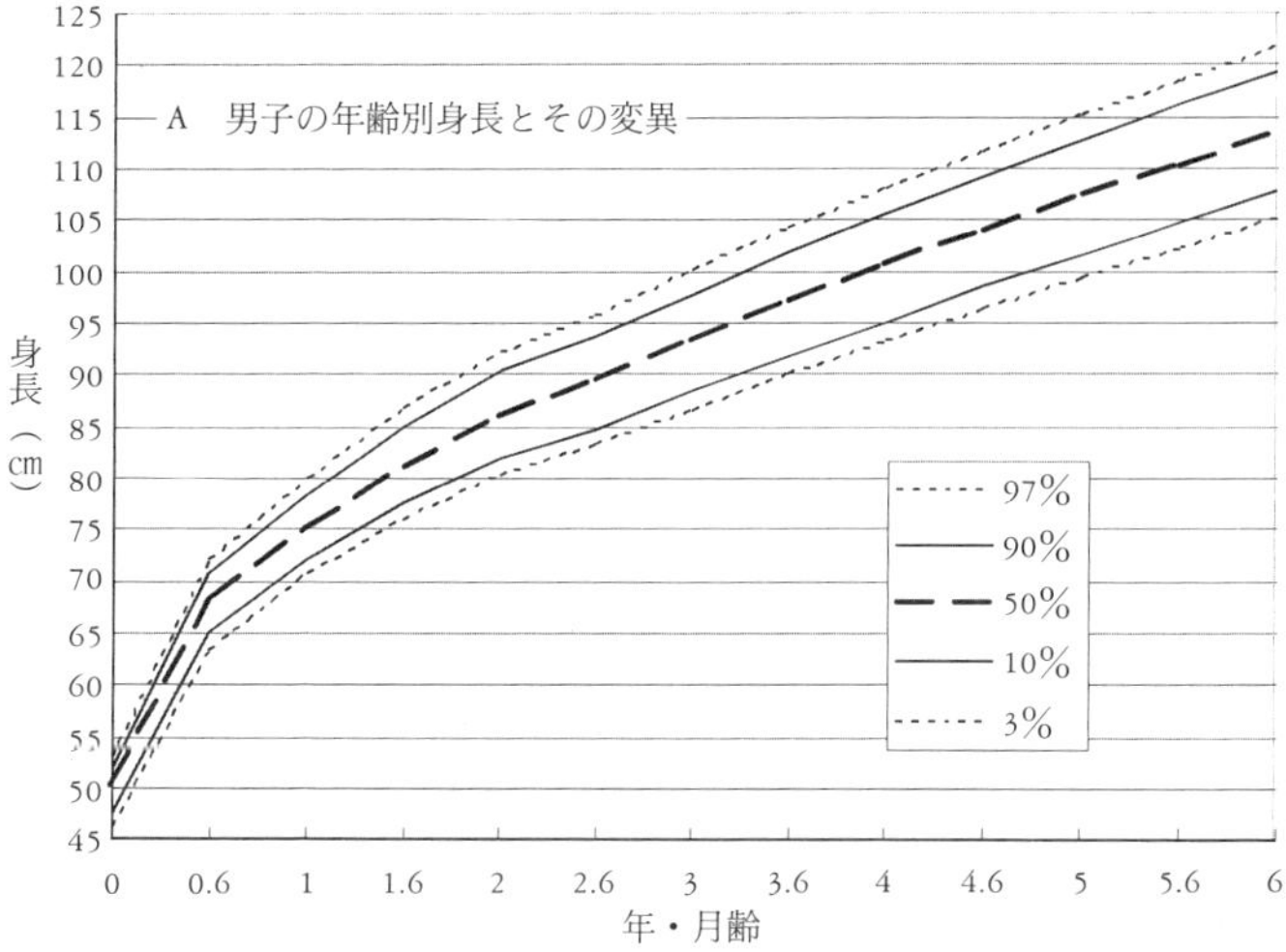

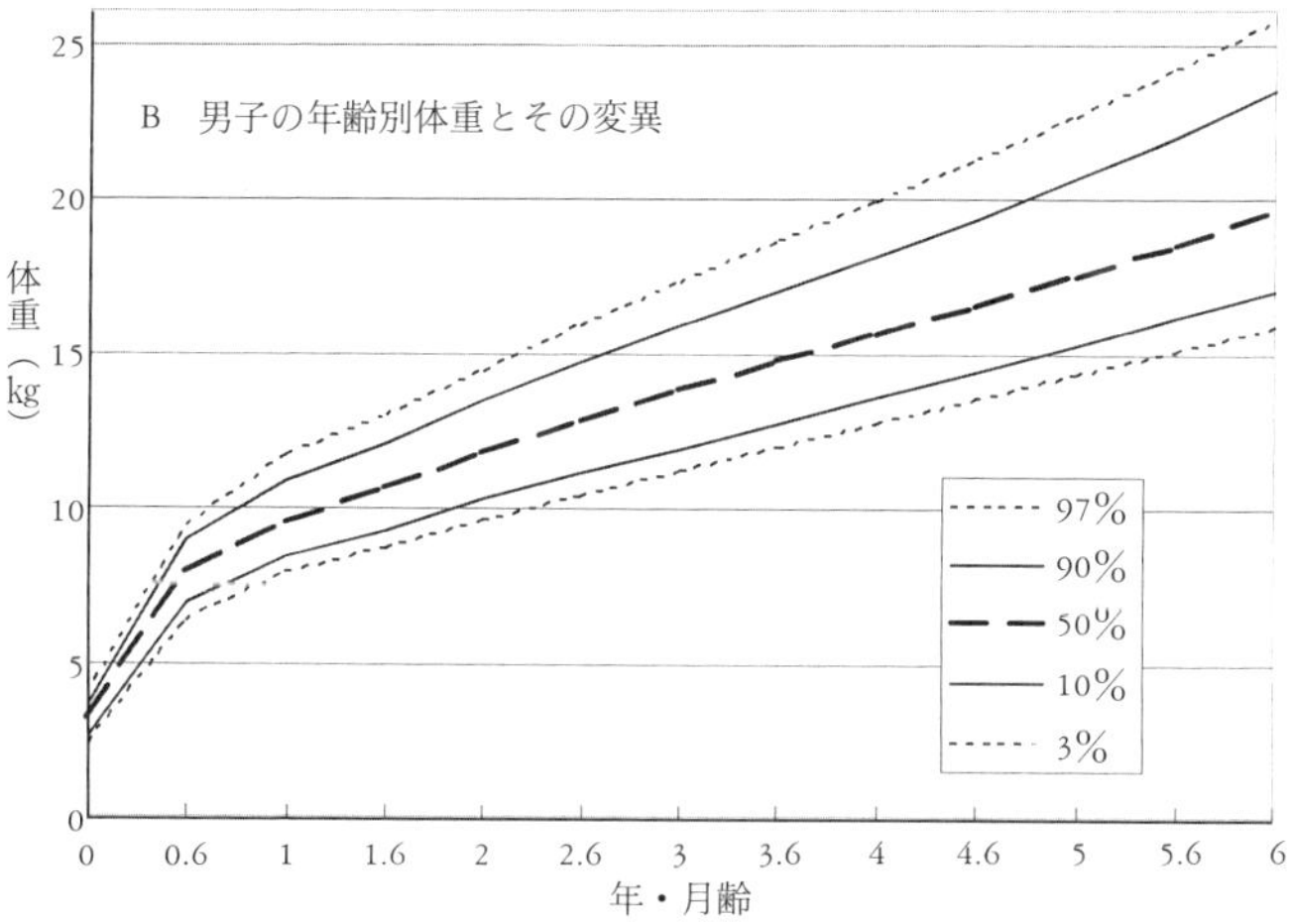

図 2-5　育ちざかりの子供（男子）の A 身長と B 体重
出典：文献 56

対応したデータを集積しなければならない。次に、身長のデータを年齢で分けて、年齢別に身長の中央値を示す数値を計算する。上述の図2-5では中央値を使ったが、年齢別の平均を計算することのほうが一般的であろう。さらに、年齢内の身長の変異を測る。図2-5では分布の割合で年齢内の変異を表したが、統計の手法としては年齢別の標準偏差を計算する方法もある。

要約すると、研究者の興味のある身長などの変数、年齢、そして年齢毎の平均と年齢別の変異の四点セットが揃って初めて「五歳のわりには……」と言う表現が可能になる。

しかし、生活史の全貌を研究するためにはさらに重要な条件がもう一つ満たされなければならない。ほんとうはすべての人のすべてのデータを一生測定しなければならないのである。研究者が人の身長に興味があるならば、その測定を毎年欠くことなく測定し続けた複数の人々のデータを集積したうえで、年齢別の平均と変異を計算した五点セットのデータが揃って初めて、生活史の研究の基盤となるデータが揃ったことになる。

2 生活史は如何にして研究するか

ここまでは生活史の研究を理解していただくためにデータの種類を概念的に説明してきた。ここからはもう少し生活史データに関する細かい話をしたい。生活史の研究も科学である以上、データをいかに収集して分析するかが決定的に大事になる。なぜならば、研究の成果は「科学的」に聞こえるから科学的になるのではなく、まさしく必要なデータを他人にも明瞭な厳密で客観的な方法で収集し、分析するからこそ科学的といえるのである。読者の皆さんにも生活史データがいかに収集されて、どのような結論が導き出されるかを意識していただきたい。

生活史の研究には、年齢の判明している個体の長期的な調査が不可欠である。あたりまえのようで、実は非常に実現しにくい条件である。この「年齢の解っている個体」がなかなかいないことが研究者にとって悩みのたねである。

生物の各種の個々の形態や行動はさほど長くない観察によって解かる。形態の特徴は複数の個体の身体を測定すればおおよそ判明する。社会行動も、四季を通した一年間あまりの野外観察で立派な論文が書けるであろう。繁殖期にサルを観察しにいけば繁殖しようとしているサルは見られる。繁殖しなければ子孫が残せないので、繁殖行動それ自体は納得できる。しかし、それらの形態や行動が、生活史のイベントの連なりの途中でどのような位置を占めて、なんの役割を果たしているのかは、一年や二年の調査で解るものではない。

人間の生活史を調べるためには、各個人の生涯を記録する習慣をもつ社会が研究者にとっては便利である。社会の仕組みのおかげで、長期的な調査を肩代わりしてもらえる研究者は実に幸せである。しかし、生年月日を寺や教会や役所に必ず届け出て、成長や出産や病患を学校や保健所で記録し、その記録を簡単に調べさせてもらえる社会は人類すべてを見渡すと意外と珍しい。またあるいは、本人が自分の年齢を覚えていて、それを正直に研究者に明かす人々もあんがい稀なのである。さらに、生活史の筋目が何年の何歳に起きたかをすべて覚えていたり、一つ一つ残らず日記やホームビデオに記録している人々は近代社会においても決っして大多数ではないであろう。

文字を持たない、あるいは生活史を記録しない社会も研究する人類学者の多くは、研究の対象にしている人々に人生を語ってもらい、そのなかで年代が記録されている重大な社会変動や自然災害を目安にしてその人それぞれの生涯の筋目を推測するしかない。たとえば第三世界の国々の多くは植民地であった時代を経験しているため、独立記念日があり、独立の日を覚えている人々の年齢はだいたい推定できる。子供が産まれたのは独立の前か後か、などと尋ねることができるのである。

文字はおろか、言葉も持たないサルの生活史を研究するためには、長期的な観察調査によってのみデータが得られる。さて何年ぐらいの調査が必要なのであろうか。

その目安はもちろん、最低でも対象の生物種の寿命にほかならない。たとえば、ある一頭のサルの年齢を知るにはせめて生まれた年を、可能ならば生まれたその日を観察で確認しなければならない。そのためにはまず母親を識別して名前をつける。生まれたての赤ん坊はとりあえず母親によって識別される。より成長して特徴が観察者に識別できるようになってから独自の名前をあたえる。その後、そのサルの生涯を通して、その個体を追跡観察して初めてサルの生涯の物語が人間の観察者に明らかにされる。短期間の観察でも目の前のサルがだいたい大人であるか、子供であるか、赤ん坊であるかは見当がつけられるが、何歳で大人になるのかを確認するには、やはりそのサルを生まれた時から大人になるまで観察しなければならない。老化の過程を観察し、寿命まで確認するには一生を観察し、可能ならば死亡時も確認したい。種によって寿命は違うが、ニホンザルの場合、長生きすれば野生状態であっても二〇年以上も生きる。しかも、サルとはいえ、生涯の物語には個体によってかなりの変異が存在する。

よって、サルの生活史を十分に理解するためには、複数の個体の全生涯を丹念に観察して記録しなければならない。長期的な調査も研究のための組織や予算の都合で実現しにくいが、世界各地でフィールドワーカーが野生のサルの観察にあたっているのである。[26][27][55]

3　この人々は誰?

この本に登場する生活史データに限らず、新聞やテレビに登場するあらゆる人口統計や世論調査をご覧になる時にはかならず考えていただきたい、「いったいこのデータの人々は何時の何処の誰なんだろう?」。すでに、ここまで読んで、「あれ、ちょっとおかしいぞ」と思った読者が何人かいるはず。たった今、生活史データは、本来は調査されている人々の一生を記録してから年齢別に整理して分析されなければならない、と書いたはずである。ならば、先ほど紹介された二〇〇一年の生存曲線はいったい誰の生涯を描いているのであろうか。二〇〇一年の一年の間に生まれて八〇歳まで生きたという人々が存在するはずはない。ある特定の世代の生涯に基づくデータではないとすれば、複数の世代を何らかの解析方法でまとめあげてしまっているのか。

よい点にお気づきになった。その疑問にこそ生活史データの落とし穴が潜んでいる。二〇〇一年の生存曲線がいかに構成されたかを説明しよう。

実は生活史データを取得する方法は大きく分けて二種類ある。一つは、今まで指摘したとおり、全生涯を記録したデータである。生涯データは特定の年に生まれた世代別に整理して分析する方法がよく取られるので、これを「世代データ」あるいは「コホートデータ」(cohort data) と言う。もう一つは特定の時点、たとえば二〇〇一年、に生きている人々の生活史データを年齢別に整理する方法である。これは社会の時間の流れを一時点でバッサリ切った断面を観察するイメージを基に「横断データ」(cross-sectional data) と言う。

生活史を研究するには調査の対象になっている人々ないし生物の全生涯を記録することが理想だが、これが難しい場合が多い。寿命の短い生物ならば数年で生涯の全貌が明らかになるかもしれない。しかし、寿命の長い生物はなかなか調査を継続することが困難であったり、研究者が速く調査結果を出す必要に迫られている場合も多い。よって、世代データの代わりに横断データを代用してしまう。特に野生生物の研究では長期調査が難しいので横断データを活用せざるを得ない場合が多い。それ自体はけっして悪いことではないが、世代データと横断データから導き出せる結果の解釈は異なるので注意しなければならない。

生存曲線も世代データか横断データか、どちらから作成されたかによって結果がかなり異なる。本来は世代データに基づいて生存曲線を描がくべきなのである。つまり、大勢の人々の出生年と死亡年を記録して、各年齢までの生存率を計算して、それを図にする。

さらに、年齢別生存率からは「生命表」と呼ばれる生存にかかわるさまざまな便利な統計が計算できる（表2－1）。例をいくつかあげると、生存の裏返しである、年齢別死亡率、各年齢で次の一年間までの生存を測る年齢間の生存率と死亡率、そして特定の年齢から平均して何年先まで生きているかを測る平均余命（ゼロ歳の平均余命は平均寿命と同じ）、生命表は実生活にも大事な生涯の道標でいっぱいである。たとえば、平均余命は生命保険の根幹にかかわっている。つまり、被保険者が保険期間中に死亡してしまう確率が保険料を計算する目安になる。

ところが、生存曲線を作成するために世代データの代わりに横断データの一つである年齢構成が代用されることがある。この方法では特定の年のゼロ歳の赤ちゃんを一〇〇パーセントとして、前年から生き延びた一歳児の割合がゼロ歳から一歳までの生存率を示していると仮定する。さらに、同じように各年齢層の割合が生存確率を反映していると仮定して、年齢構成を生存曲線と見なしてしまう。生存曲線が年齢構成と一致する状況は理論的には存在するが、実際には非常に特殊な状況にしかありえない。それは何世代もの長い期間のあいだにまったく同じ生存率と出生率が持続する状況である。

表 2-1　平成 13 年簡易生命表　資料：厚生労働省

	男			女		
年齢 [x]	死亡率 [nqx]	生存数 [lx]	平均余命 [ex]	死亡率 [nqx]	生存数 [lx]	平均余命 [ex]
0(年)	0.0033	100000	78.07	0.00283	100000	84.93
1	0.00047	99670	77.32	0.00043	99717	84.17
2	0.00034	99623	76.36	0.0003	99675	83.21
3	0.00025	99589	75.39	0.00019	99646	82.23
4	0.00019	99564	74.4	0.00013	99626	81.25
5	0.00017	99545	73.42	0.00011	99613	80.26
6	0.00015	99529	72.43	0.0001	99602	79.27
7	0.00013	99514	71.44	0.0001	99592	78.28
8	0.00012	99500	70.45	0.00009	99582	77.28
9	0.00011	99488	69.46	0.00008	99572	76.29
10	0.0001	99478	68.47	0.00007	99564	75.3
11	0.0001	99467	67.47	0.00007	99557	74.3
12	0.00011	99458	66.48	0.00007	99550	73.31
13	0.00013	99447	65.49	0.00009	99542	72.31
14	0.00018	99434	64.5	0.00011	99534	71.32
15	0.00026	99416	63.51	0.00014	99523	70.33
16	0.00035	99391	62.52	0.00016	99510	69.34
17	0.00045	99356	61.55	0.00019	99494	68.35
18	0.00053	99311	60.57	0.00021	99475	67.36
19	0.00059	99259	59.6	0.00023	99454	66.37
20	0.00062	99201	58.64	0.00025	99432	65.39
21	0.00063	99139	57.68	0.00026	99407	64.41
22	0.00064	99076	56.71	0.00027	99381	63.42
23	0.00063	99013	55.75	0.00028	99354	62.44
24	0.00063	98950	54.78	0.00028	99326	61.46
25	0.00064	98888	53.82	0.00028	99299	60.47
26	0.00065	98825	52.85	0.00029	99271	59.49
27	0.00067	98760	51.89	0.0003	99242	58.51
28	0.00069	98694	50.92	0.00032	99211	57.53
29	0.00072	98626	49.95	0.00035	99180	56.54
30	0.00076	98555	48.99	0.00038	99145	55.56
31	0.00079	98480	48.03	0.0004	99108	54.58
32	0.00082	98403	47.06	0.00042	99068	53.61
33	0.00087	98322	46.1	0.00044	99026	52.63
34	0.00093	98236	45.14	0.00047	98982	51.65
35	0.00101	98145	44.18	0.00051	98936	50.68
36	0.00109	98047	43.23	0.00055	98886	49.7
37	0.00118	97940	42.27	0.00059	98831	48.73
38	0.00127	97824	41.32	0.00063	98773	47.76
39	0.00137	97700	40.38	0.00068	98710	46.79
40	0.00148	97566	39.43	0.00074	98643	45.82
41	0.00159	97422	38.49	0.00081	98570	44.85
42	0.00171	97267	37.55	0.0009	98491	43.89
43	0.00187	97101	36.61	0.001	98402	42.93
44	0.00207	96919	35.68	0.0011	98304	41.97
45	0.00231	96718	34.75	0.00121	98196	41.01
46	0.00254	96495	33.83	0.00132	98077	40.06

47	0.00279	96250	32.92	0.00143	97947	39.12
48	0.00308	95982	32.01	0.00156	97807	38.17
49	0.00342	95687	31.1	0.0017	97655	37.23
50	0.00381	95360	30.21	0.00187	97488	36.29
51	0.00424	94996	29.32	0.00207	97306	35.36
52	0.00467	94594	28.45	0.00227	97105	34.43
53	0.00512	94152	27.58	0.00245	96885	33.51
54	0.00561	93670	26.72	0.0026	96648	32.59
55	0.00613	93144	25.86	0.00275	96397	31.67
56	0.00665	92573	25.02	0.00291	96132	30.76
57	0.00721	91957	24.18	0.0031	95852	29.85
58	0.0078	91293	23.36	0.00329	95555	28.94
59	0.00839	90582	22.54	0.00348	95241	28.03
60	0.00904	89822	21.72	0.0037	94910	27.13
61	0.00977	89010	20.92	0.00401	94559	26.23
62	0.0106	88140	20.12	0.00441	94180	25.33
63	0.01155	87206	19.33	0.00487	93764	24.44
64	0.01268	86198	18.55	0.00535	93308	23.56
65	0.01401	85105	17.78	0.0059	92808	22.68
66	0.01557	83913	17.02	0.00651	92261	21.81
67	0.01736	82606	16.29	0.00724	91660	20.93
68	0.01928	81172	15.56	0.00804	90996	20.1
69	0.0213	79607	14.86	0.0089	90265	19.26
70	0.02337	77912	14.17	0.00981	89462	18.43
71	0.02552	76091	13.5	0.0108	88584	17.61
72	0.02792	74149	12.84	0.01196	87628	16.79
73	0.03063	72079	12.19	0.01328	86580	15.99
74	0.03373	69871	11.56	0.01485	85430	15.2
75	0.03714	67515	10.95	0.01672	84161	14.42
76	0.04083	65008	10.35	0.01896	82753	13.66
77	0.04496	62353	9.77	0.02168	81185	12.91
78	0.0494	59550	9.21	0.02477	79425	12.19
79	0.05456	56608	8.66	0.0282	77457	11.48
80	0.06069	53520	8.13	0.03205	75273	10.8
81	0.06793	50272	7.62	0.0365	72860	10.14
82	0.07617	46857	7.14	0.04165	70201	9.51
83	0.08503	43287	6.69	0.0475	67277	8.9
84	0.09437	39607	6.27	0.05409	64801	8.32
85	0.10415	35869	5.87	0.06128	60615	7.76
86	0.11418	32133	5.49	0.06919	56900	7.24
87	0.12493	28464	5.13	0.07822	52963	6.74
88	0.13774	24908	4.8	0.08833	48821	6.27
89	0.15106	21477	4.48	0.0992	44508	5.83
90	0.16492	18233	4.19	0.11126	40093	5.41
91	0.17932	15226	3.92	0.12506	35632	5.03
92	0.19426	12496	3.67	0.13893	31176	4.67
93	0.20976	10068	3.44	0.15347	26845	4.35
94	0.22581	7956	3.22	0.16868	22725	4.05
95	0.24241	6160	3.02	0.18459	18892	3.77
96	0.25957	4667	2.84	0.2012	15405	3.51
97	0.27729	3455	2.66	0.21853	12305	3.27
98	0.29554	2497	2.5	0.23657	9616	3.05
99	0.31433	1759	2.35	0.25533	7341	2.84
100	1	1206	2.2	1	5467	2.65

同じ生存率と出生率が持続するといかなる年齢構成も徐々に生存曲線と一致するようになってくる。

しかし、生存率と出生率が変動すると、それに連られて年齢構成も変動して、凸凹になる。この凸凹な年齢構成のよい例が社会科の教科書によく登場する日本人の年齢構成である（図2-6）。過去一〇〇年の歴史とともに激変した出生と生存を反映しているので、日本人の年齢構成は凸凹もいいところである。戦争世代はかなり狭められている上に戦死者を反映して男女の比が女性に偏っている。次に戦後のベビーブームと第二次ベビーブームの山があるし、丙午の年の谷も目覚ましい。人口ピラミッドを生存曲線と見なしてしまうと、いったん亡くなった人々がまた生き返ったことになってしまうので、解釈のしようがなくなる。年齢構成から日本人の生存曲線を推定することは明らかな間違いである。

厚生労働省の発表している二〇〇一年の生存曲線は、また違う方法で横断データから作成されている。この生存曲線は二〇〇〇年から二〇〇一年における年齢間生存率から構築されている。まず、二〇〇〇年に各年齢から次の年齢まで生き延びる確率を記録から計算する。ここで人口学の言い方を使うと、年齢X歳からX＋1歳までの生存率を計算するのである。たとえば、ゼロ歳から一歳から始めて、一歳から二歳、三歳から四歳、と次から次へと生存確率を計算する。そして、ゼロ歳の一〇〇パーセントからスタートして、それぞれの年齢間生存率を順番に各年齢にかけていく。結果として、あたかもゼロ歳から高齢までの生存を表しているような曲線が構築されていく。

ここで注意しなければならない点は、各年齢層を構成する人々はたまたま二〇〇〇年から二〇〇一

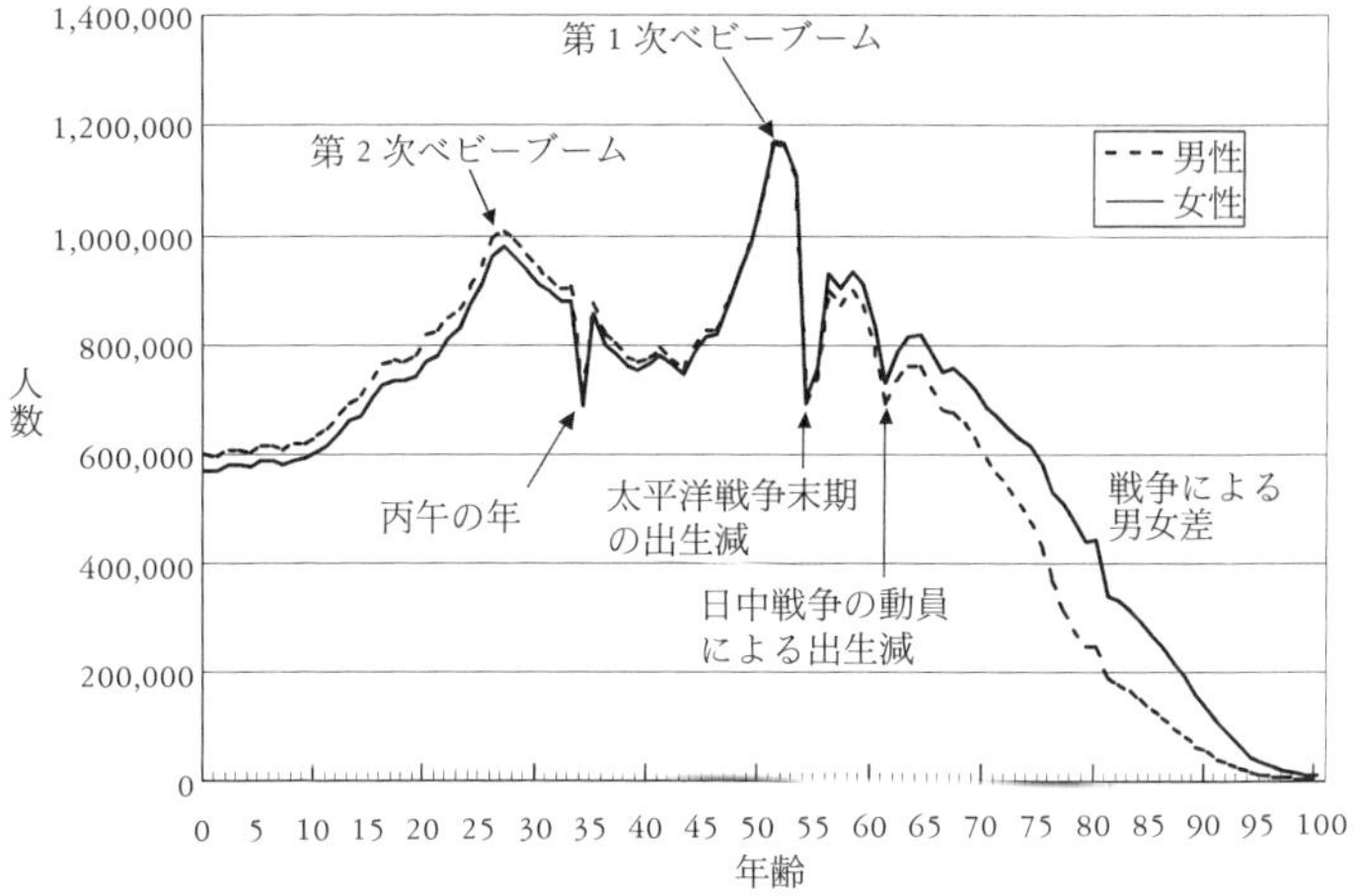

図2-6　2002年国勢調査による日本人の年齢構成

年まで生きていた、まったく異なる人々であったことである。ゼロ歳からだいたい一〇〇歳まで、一〇〇世代のある1年の生存率を年齢順に並べることによって生存曲線ができあがっている。このように、横断データは複数の世代のデータを繋ぎ合わせて構築するので、厳密な意味での生活史データとは異なる。この方法で作成された生存曲線から計算された生命表は「簡易生命表」と呼ばれている。

では、二〇〇一年の「簡易」生存曲線はいかに解釈するべきであろうか。解釈には仮定がつきものである。「簡易」生存曲線の場合は二〇〇一年の年齢間生存率が遠い未来まで変化しないと仮定すれば、曲線で描かれたとおりの生存率に基づいた生涯を日本人は送ることになる。すなわち、「簡易」生存曲線は社会の現状に基づいて日本人の未来を予測しているのであるが、過去にも生存曲線が変化してきたことを考えれば未来の生存曲線もこのまま変化しないとはとても思えないので、二〇〇一年の「簡易」生存曲線のとおりの生涯を生きる世代は存在しないであろう。しかし、「簡易」生存曲線は二〇〇一年の日本人の生活水準を測るにはとても便利な指標であることには変わりはない。

4　本当の人生

世代データと横断データについて書いてきたが、以上の説明からすでにお察しのとおり、日本人の世代データに基づく本当の生存率と死亡率と年齢別出生率をここではまだ提示していなかった。

日本の近代を生きてきたいくつかの世代の生存曲線を、日本大学人口研究所が集計したデータを基に、図2-7に表そう。一九〇〇年生まれの世代のみ、ほぼ完結した世代データである。それ以外の世代はデータはまだ完結していないので曲線は進行中である。あなたの世代に近い曲線を見ていただきたい。一九二〇年生まれの皆様、そこの曲線が戦争を生き抜いてきたあなたの同期ですぞ。一九六〇年生まれの曲線は戦後ベビーブーム世代。私の生まれは、何を隠そう、一九六〇年世代の少し前。現在の大学生諸君はだいたい一九八〇年の少し後の生まれであろうが、あなた方の生存曲線は先代と比べてまるで空を飛んでいるかのように高い曲線を描いているではないか。幸いにも人生の難所を突破してきたことを示している。平穏な時代に生まれたことを、少しは実感していただきたいものである。

年齢別死亡率を示す曲線も、生存率の改善を反映している（図2-7）。一九八〇世代の曲線は一九〇〇生世代のそれよりも一桁低く推移する。また、生涯の難所の変化がよく見える。一九〇〇年世代の曲線には二〇歳にはっきりとしたピークがあるが、このピークは時代とともに消えていくようになる。もう一つ、図を眺めながら気づいたことは、死亡率が最も低い年齢が約一〇歳と一四歳の間を変動しているように見える。一九〇〇年世代では約一〇歳で死亡率は最も低いが、それは一九四〇年世代では約一四歳へ上がり、その後は一九六〇年世代から一九八〇年世代にかけて、また約一〇歳へ戻る。これらの現象がなぜあるかについて人口学者に聞きたいところである。著者としてはここで質問の形で仮説を提案してみることしかできない。かつて、二〇歳の若者は世に出ることによって新しい病気に身をさらされたり、危険な職業についたのであろうか。約一〇歳で死亡率が低い背景には、子供の死亡要因が後退し、青年の死亡要因の影響がまだ表れない、死亡要因の狭間の時期が約一〇歳で存在するからであろうが、それらの死亡要因はなんなのであろうか。一九〇〇年生まれの世代は小学校卒業後から早く働きに出ていたのに対して、一九四〇年世代は働きに出る年齢がやや高くなったのであろうか。一九六〇年と一九八〇年の世代では、低年齢化する思春期の影響によって、死亡率の上昇をもたらしているのであろうか。

世代データで最も顕著な時代の証はやはり戦争の影響であろう。第二次世界大戦の終盤の年であった一九四五年にあたる年齢における生存曲線と死亡率の変動がこれほどまで明瞭であることには、私

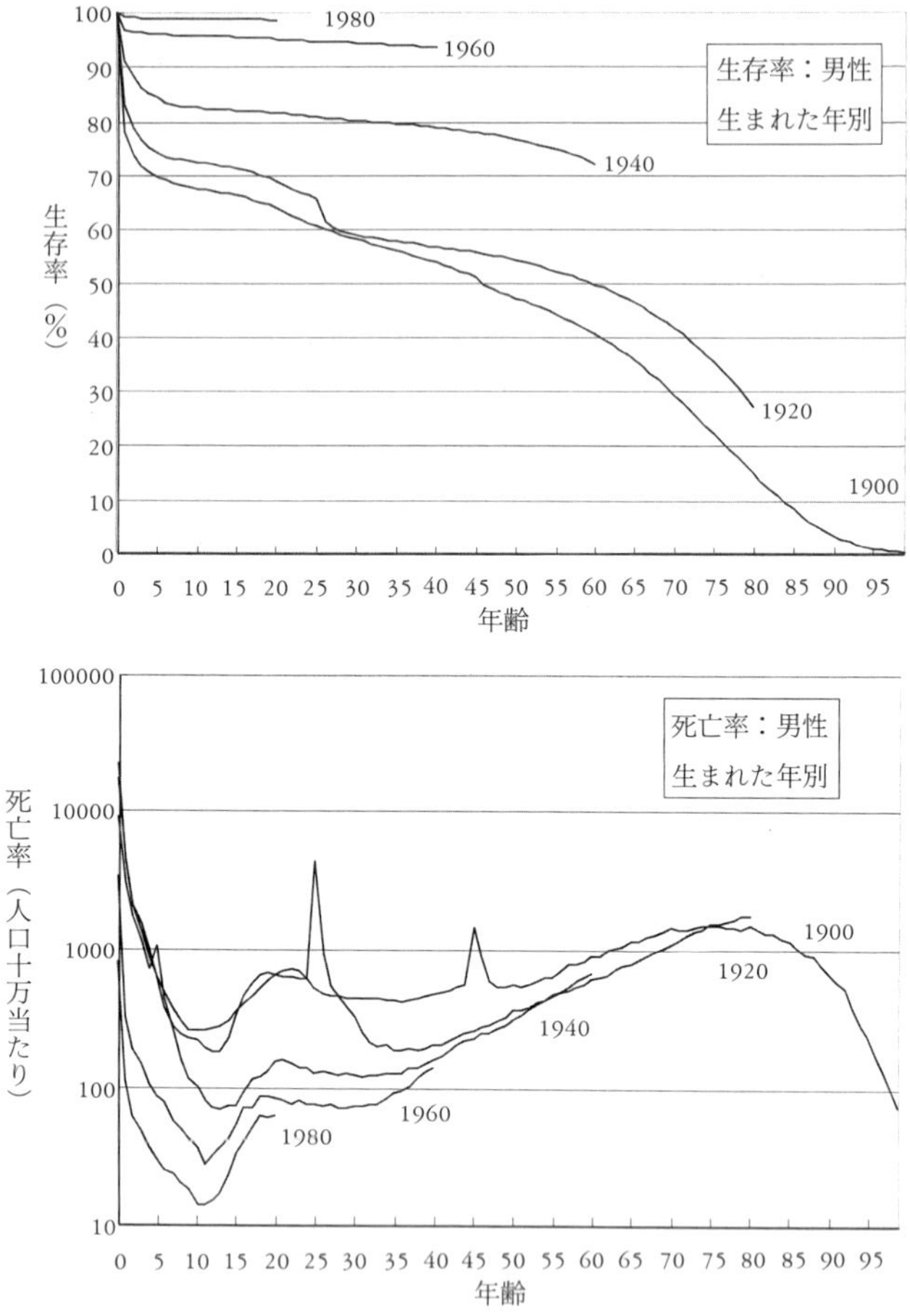

図 2-7A　日本人の世代別生存率と死亡率：男性
出典：文献 40

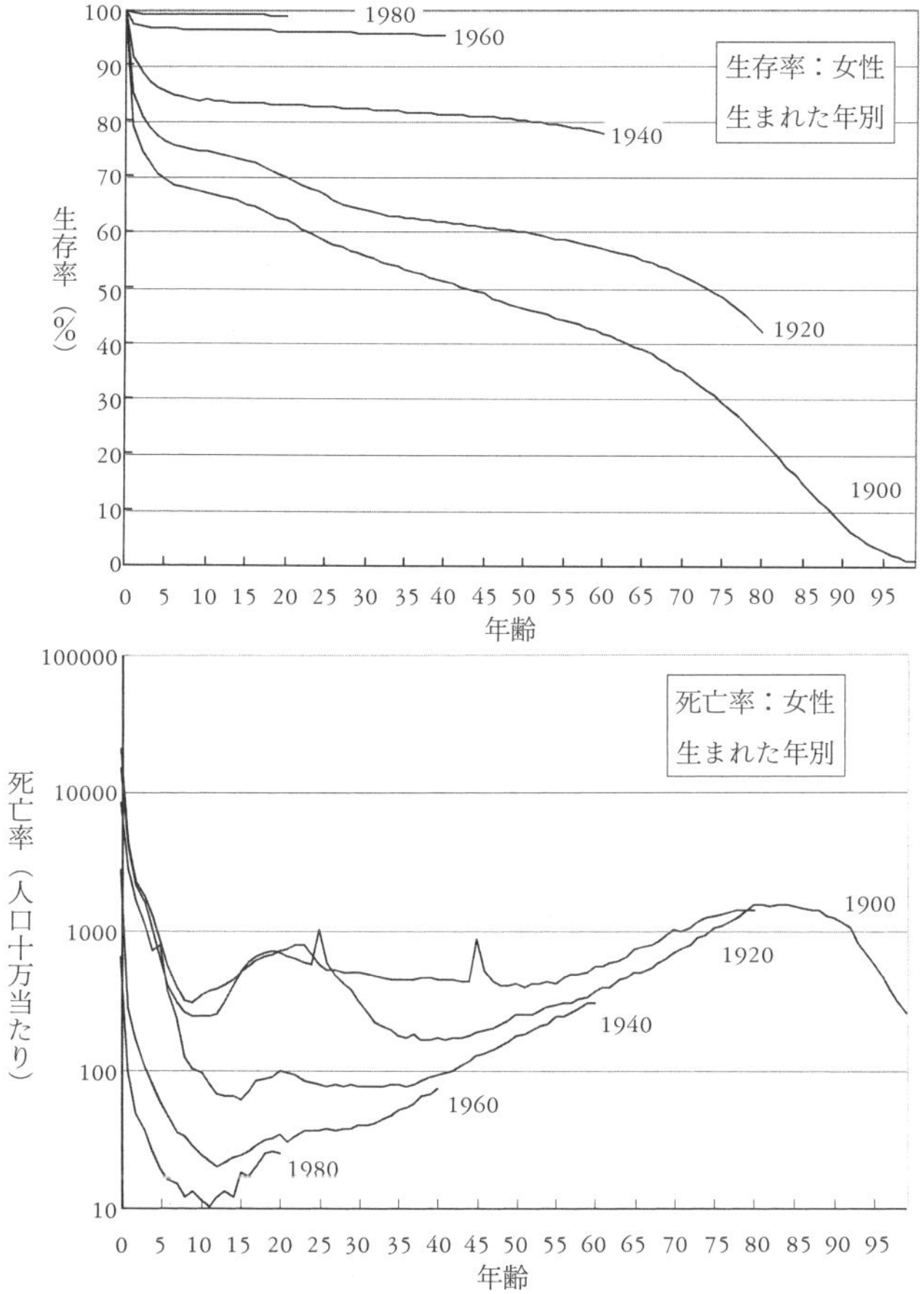

図 2-7B　日本人の世代別生存率と死亡率：女性
出典：文献 40

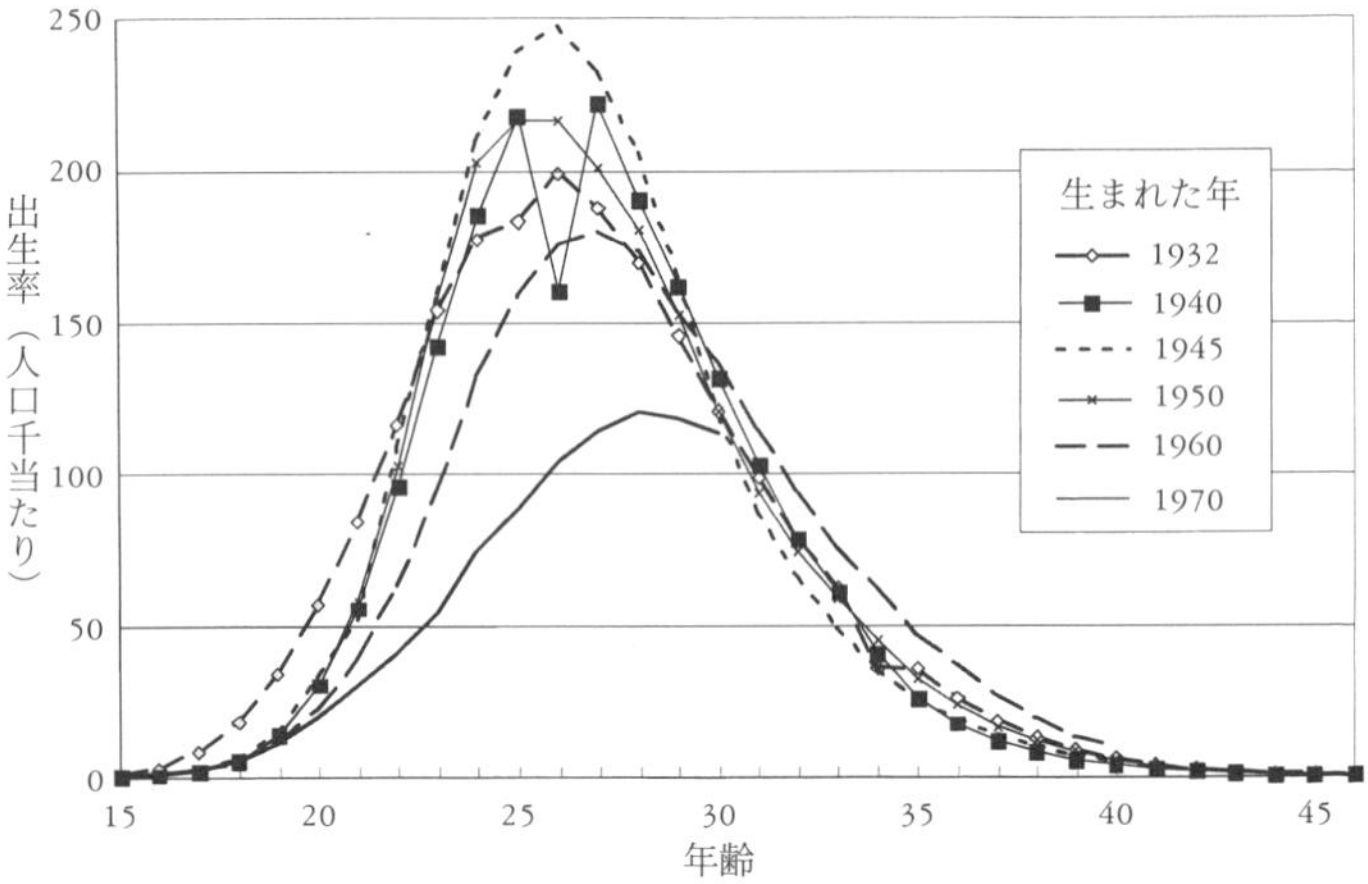

図 2-8　世代別出生率
出典：厚生労働省　平成 13 年人口動態統計特殊報告（出生に関する統計）

も驚いた。特に、一九二〇年世代の男性が二五歳を迎えた一九四五年には生存曲線がすとんと下がり、死亡率が跳ね上がってスパイクを見せている。この一九四五年の死亡率スパイクは女性にも、そして、一九〇〇年と一九四〇年の各世代にも見られる。

出生率も世代の移り変わりとともに大きく変化してきた（図2-8）。一九三二年と一九四五年生まれの女性は約二六歳で最も高い出生率を経験していた。ところが、一九四〇年生まれの女性達はちょうど二六歳の年に出生率が急激に下がっている。この世代では、たまたま二六歳の年が丙午の年であったようである。さらに、一九六〇年生まれと一九七〇年生まれの世代は、近年の少子化を反映して、曲線は先輩世代と比べて非常に低い領域を推移している。繁殖率のピーク年齢もやや遅くなり、一九六〇年生まれでは二七歳、一九七〇年生まれでは二八歳にピークを経験している。丙午と最近問題視されている少子化は、文化的な理由で人々が操作しようと思えば、いかに簡単に繁殖を操作できるか、を如実に証明してくれているかのように思える。

5 人類学の生活史研究

日本の生活史の変遷を調べることにより、親の世代がどのような生涯を送っているかがよくわかり、将来の日本人がどのような生涯を送るか、ある程度予測し、自分の人生計画をたてるための参考にもなる。以上、生活史の研究はなかなか役に立つことがお解りになっていただけたであろうか。

いろいろな研究分野でも生活史の原理を踏まえた課題が多く見受けられる。医師は年齢とともに変化する病気の発生率に興味があるかもしれない。経済学者は子供から熟年までの各年齢層の収入と購買力に着目する。心理学者は成長、成熟、老化にともなう精神の発達を調べる。芸術評論家も作家や画家の作品がいかに生涯を通して変遷を遂げるかについて洞察を試みる。

しかし、生活史を研究する人類学者はより壮大な目的で生活史を研究しようとしている。人類学者は自分の人生計画に飽きたらず、全人類の生活史を理解し、ヒトとしての生涯を明らかにしようとする。人類の生活史のもとになる生涯計画は何であり、いかに進化したきたか、他のサル類とヒトの生活史ではどこが違うのか、いろいろ難しい問題を解明し説明しようとしている。

人類学における生活史の研究でもこの章で紹介した三種類の変数、一生に一度の大イベント、繰り返し経験できるイベントや状況、そして数値で測れる人間・個体としての特徴を、あらゆる民族および多数の生物種で調べる。そのなかでも生存曲線、出生曲線、そして成長曲線はとりわけ重要な役割を果たす。生活史を説明する理論によると生物の生涯計画は生存、出生と成長の三つ巴の駆け引きである。

さらに、生活史の進化を説明する論理には、たとえばあなたのこの一年の人生計画にはない難しさがある。あなたは一生をヒトとして生活してゆくのであり、そのヒトとしての基本的な生活史は変わりえない。個人的に長生きする努力は可能だが、基本的な成長や老化の順番や時期はさほど変わりようもない。たとえ現代社会の賜物として寿命が伸びたり、子供の成長が速くなったとは言え、長い進化の途上に人類が経験してきた生活史の変化にくらべれば微々たるものである。人間の基本的な寿命は今の私達の努力ではいくら長生きでも一〇〇歳をこえる人はかなり稀であるとともに、二〇歳ではなかなか老人にはなれない。だからあなたも二〇歳で老人になる人生計画を立てる必要はないであろう。子供が五歳で赤ちゃんを産む心配も無用である。人間の生活史はだいたい決まっている前提で、あなたは人生計画を立てればよい。しかし、進化する生物は生活史そのものがどんどん変化しうる。寿命も子が生まれる年齢も成長のタイミングも、すべてが劇的に変わりうる。

人類学における生活史の研究者は、多くの民族の生活史を調べたうえで人類の様々な生涯計画の多様性を理解しようとしている。さらに、あらゆる生物の生活史を調べ、ヒトと言ういとおしい生物の生涯計画の進化を解明し説明しようと努力しているのである。

第三章◎

我が人生に悔い無し
――生活史戦略に内包される生涯の駆け引き

1　人生の悩み

生涯には悩みが絶えない。読者の皆さんも人生の岐路で悩まれたことがあるのではなかろうか。大学生諸君の多くは進学について悩んだことがあったかもしれない。浪人するべきか、第二志望の大学に入学するべきか。浪人すると短い青春のうち、最低でも一年は受験に費やしてしまう。大金を予備校に投じたとしても、志望する大学に入学できる保証はどこにもない。いっそ、すでに合格した大学に入学し、学生生活を楽しんでから、就職して早めに出世の道を歩み始めたほうが将来を考えれば得かもしれない。しかし、大学こそが将来の就職先と社会的な地位を大きく左右するとされている。

浪人生活を生涯の投資と考えて頑張るべきかもしれない。

私たちは一生のあいだに何度も岐路に立たされる。しかも、今日の選択が後々までの将来にも影響する。今日の選択は、明日はおろか、生涯をも決定する可能性を秘めている。進学するべきか就職するべきか。青春を楽しむべきか、初給料は貯金するべきか。独身生活をまだしばらく満喫したいか、それとも結婚したいか。子供をつくるか、家を建てるか。家族と仕事をなんとか両立させるか、育児や親の介護のために退職するべきか。

私たちの多くは生涯の岐路で悩んでしまう理由の一つは生涯が駆け引きだからであろう。しかも、駆け引きの相手は自分自身にほかならない。生涯でやりたいことをすべてやることはまず不可能である。時間と体力とお金に限りがあるなかで、一生を有意義に生きていく道を私たちは選びとって生きていきたいと思っている。貴方は様々な生き方を歩む可能性を秘めている。そして、貴方の多様な将来像の間の駆け引きが、貴方が意識しているかどうかを問わず、進行している。

ちょっと危険をともなう行為がかかわる場合、生活は駆け引きの性格をはっきりと表す。多少のコストを覚悟でこの瞬間を満喫するべるきか、あるいは安全志向で生き延びることを優先させるか。人生が短くなったとしても楽しく過ごしたほうが良い、という人もいれば、過激な刺激がなくても長生きしたほうが良い、という意見の人もいる。いずれもそれなりに有意義な生き方かもしれない。選んだそれぞれの道で成功を収めていただきたい。

しかし、それぞれの道が全て成功への道であるとすれば、生涯の駆け引きとしての性格は理解できない。駆け引きに負ける状況を考えてみよう。スポーツカーが大好きな青年がいたとしよう。高速道路を軽快に走るのも確かに楽しそうだが、初めて高速道路に乗ったその日にスピードを出しすぎて事故を起こして死んでしまえば、生活の駆け引きに負けたと言わざるをえない。逆に、長生きを優先して安全を求めるあまり、家に引きこもって外出もせずに毎日をびくびくおろおろと生きていては、端から見ている者としては楽しそうな生活とは言いづらい。

このように極端な人々はかなり稀であろう。多くの人々は生涯の駆け引きにともなうコストと利益、危険と安全のあいだに健全なバランスを求めながら、生活の時間と努力とお金を上手に配分して自分にとって有意義な人生を送るであろう。

(一) 生物としての生涯の駆け引き

生物の生涯にも駆け引きがつきまとう。生物は死んでしまう前にいかに子孫を残すかという課題を克服しなくてはならない。よって、生物も日々の生活における危険と利益のバランスを保ちながら、子孫を残すために生涯の時間とエネルギーを配分する。

生物学では生物の時間とエネルギーの配分先を、おおまかに生命維持、成長、そして繁殖の三つの生活の領域に分ける。生活史理論ではこの三つの生活の領域はおたがいの時間とエネルギーを奪い合うと仮定し、これを「配分の原理」と呼んでいる。動物は食べることによりエネルギーを得て、そのエネルギーを成長と繁殖に配分する。いったい生物は時間とエネルギーをどのように生活の各領域に配分するべきなのか。しかも、その配分は日々の生活に限られず、生涯を通して上手に配分されなければならない。

生命維持は日々生きていくための必要最小限の活動をさす。成長と繁殖には生命を維持する以上のエネルギーを必要とするうえに、生命を維持する活動から時間を奪ってしまう。さらに、成長と繁殖を両立させるために必要なエネルギーを同時に摂取することは難しい。生活に内包される、配分の原理に基づいた駆け引きによって生物の生活史は進化する。

時間とエネルギーの配分は生物の各種によって異なるので、生物の世界には多様な生活史がくりひろげられ進化してきた。生物が生涯に直面する駆け引きも実に多く、生活史理論のある教科書[53]によると、最低でも四五通りの駆け引き（英語では trade-off）が生物学者によって提案されているそうである。そのうち、ほとんどの動物が直面する生涯の基本的な駆け引きを四つ紹介しよう。

Ⅰ　成長 vs 繁殖

動物のほとんどは生まれてからしばらくは成長に時間を費やし、繁殖はお預けにする。成長するメリットは、身体が大きい方が生存率が高くなり、後に繁殖に費やせるエネルギーもより多く蓄えられる点にある。成長のマイナス点はそれに時間をかけているうちに死んでしまう可能性にある。そして、いくら大きく育ったとしても、生物にとっては子孫を残さないかぎり、大きく育つという性質は次の世代には伝わらない。いずれは成長を切上げ、繁殖に転じなければならないが、生物は成長を続けるか、繁殖に転じるかという駆け引きに進化の途上で常に直面している。

2　生存 vs 繁殖

繁殖期にさしかかった動物は次の駆け引きに直面する。繁殖しなければ子孫は残せないのだが、繁殖行動には危険がともなう。そのうえ繁殖するには採食の時間など生活を維持するための行動から時間とエネルギーを割かねばならない。繁殖に集中するあまりに死んでしまえば、元も子も無い。繁殖のためにはどの程度の危険を覚悟し、どれほどの時間とエネルギーを割くかの難問を動物は解決しなければならない。

3　現在 vs 将来の繁殖

一度しか繁殖しない（semelparous と呼ばれる）生物は一気に子孫を残そうとする。多くの生物は繁殖の機会を繰り返し迎える（iteroparous）。その場合、現在の繁殖と将来の繁殖の間に駆け引きが生じる。長生きする生物にとって、繁殖の負担を生涯にいかに配分するかが問題になる。繁殖には危険がともなうだけではなく、妊娠と子育てはたいへんな負担である。今年の子供を大勢出産して息絶えてしまうメスは将来に出産する可能性を自ら捨ててしまっている。将来にも繁殖する可能性を考慮して現在の繁殖努力を程々におさえておくような生物は一度に産む子供の数を減らしたり、出産の間隔をあける。

4　子供の数 vs 大きさ

メスは一度にどれだけ子供をつくればよいか。この課題は子供の大きさと密接な関係がある。小さい子供は生存率が低い場合が多いが、大きい子供は一度に出産できる数に限りがある。子供に高い生存率が期待できない種は多数の子供をつくる。一般的に生物は大きさという形で子供のいわば「質」を高め、生存率の向上に務める種は大きい子供を生産しようとする方向に進化する、と理論的に推測できる。

(2) 駆け引きの結論

以上の四つの駆け引きの結果、動物の各個体の(1)成熟時の年齢と大きさ、(2)生涯における繁殖の期間と回数、(3)一度に生産する子供の数と大きさが複雑な駆け引きの結果として進化する。

理論から導かれる一般的な予測を説明するために生活史の特徴を四つの単純なセットにまとめて議論をしてみよう。もちろん、多種多様な生物の生活史がたった四つのセットにおさまるはずはないが、生活史は実際には各個体というセットで表されるので、生活史の特徴をセットとして考えることには生物学的に意味がある。

四つのセットにまとめた根拠は成体と子供の生存率の予定に基づいている。前章で紹介した年齢別生存率を思い出していただきたい。生存率は生涯を通して変化する。生涯の生存予定（英語ではほんとうに survival schedule という）によって生涯の駆け引きの結論は異なる。よって、生存の予定は生活史進化の原因でもあり、同時に生物のあらゆる生涯の駆け引きから生じる生涯計画の結果でもある。

ここでは、単純に、繁殖期に入る段階を境に子供と成体を分けたうえで、子供の生存率と成体の生存率がそれぞれ高い生活史と低い生活史の組み合わせから四つのセットに生活史を整理した。

1　子低成低

第一セットは、寿命が短く成長期間も短い小さい生物に代表される。このような生物は早く繁殖し、一度に大量の小さい子供を生産しようとする。基本的に生存率が低いので早く旺盛に繁殖する生物がこのセットに当てはまる。

2　子高成低

第二セットの生物では、子供の生存率がかなり高いので親がつくる子供の数は意外と少なく、子供も意外と大きい。にもかかわらず、成体の生存率が低いので、繁殖期にさしかかった成体は死んでしまう前に一気に繁殖してしまう。このセットの生物は数少ない繁殖の機会を活かすために繁殖の確実性に賭けている、と言えるのではないであろうか。

このセットの例としてあげられる生物には古代エジプトの聖虫として有名なスカラベも含まれるフンコロガシがいる。フンコロガシは幼虫のために糞を集める甲虫類の昆虫である。糞を丸めて作る糞玉に、それぞれ卵を一つ産みつけ、生まれてくる幼虫はその糞玉を餌にして育つ。一回の繁殖でメスの産卵は数個なので、一度に準備する糞玉もその数である。こうした仕組みでフンコロガシは昆虫としては驚異的に高い確率で成体まで生き延びることができる。日本にも多くの種が生息しているが、たとえばツノコガネは、冬があまり寒くなければ、五〇パーセントの確率で成虫まで生き延びることが野外の調査で確認されている。[62]

3　子低成高

第三セットの生物は子供の生存率が低いにもかかわらず、成体としての生存率がかなり高い生物から成る。この様な種は一度に大量の小さい子供を生産し、そのほとんどは死んでしまう。しかし、なんとか成体まで生き延びれば、成体はかなり余裕をもって繰り返し繁殖することが可能になる。子供の低い生存率を成体の高い生存率で補う形の生活史をこのセットの生物は持っているといえる。

このセットに当てはまる身近な生物には大型の魚類があげられるであろう。チョウザメ、ナマズ、タラの仲間には産卵すると数百から数億個もの卵を放出する種が教科書によく紹介されているが、これらの魚類には驚くほど長寿の個体も存在し、最大寿命がタラの仲間で八五年という記録がある。[53]成長に何年も費やす魚類として、たとえば南大西洋のクロマグロは成熟するまで八年もかかり、長さ

二〇〇センチメートル、体重三二〇キログラムまで成長し、寿命は約一九年だそうである。(10)

4 子高成高

少数ながらかなり大きい子供を数年間にわたって生産する生物には、成長期間が長く、大柄で寿命が長い生物が多い。多くの鳥類と哺乳類がこの第四セットに当てはまる。このセットの生物は子供の生存率を向上させるために親はそれぞれの子供に対して多大なエネルギーと時間を投資するように進化してきた。すなわち、親は子育てをするのである。

(3) 哺乳類の駆け引き

哺乳動物という生物は生涯を通して各個体の生存に賭けている生物といえる。そもそも、哺乳類の最大の特徴である体温の維持も各個体の生存率を高く維持するための仕組みとして考えられる。

変温動物の活動は気温に影響されやすく、天候や気候の変動に弱い。日なたぼっこしているトカゲや昆虫は、活動を始める前に体温を活動できるところまで調整しているのである。体温を保つ恒温動物はまわりの環境の気温の変化につよく、いつでも活動を開始し、あらゆる環境で活動ができる。ただし、ここにも駆け引きがある。哺乳類は体温を維持するために大量に餌を食べなければならない。哺乳類はエネルギーを大量に摂取しては消費して生きている。

哺乳類はエネルギーを消費するだけではなく、投資しているとも考えられる。生物学でも、経済学の言葉である「投資」という言葉をあえて生物にあてはめている。生物にとってもエネルギーを投入してからその結果の利益を受けるまでに時間の差がある。この生物の努力と利益の間に生じる時間差に注目して投資という言葉が生物学で使用されているのだ。生物にとっての投資の成果は子孫を残すことであるが、哺乳類の生涯では繁殖にいたる道のりが特に長いため、成長と発達への投資の部分が多い。各個体は自分に投資する部分と、親が子供に投資する部分がそれぞれ多い。

哺乳動物は特徴的な発達の段階をいくつも経て成長する。まず、受精卵として生涯の道のりを出発した個体は胎児の段階で母親のなかで成長する。母親は胎児を運びながら、胎児と自分を維持するために食べながら活動する。種の生態が許すかぎり、母親が耐えられる限度まで、胎児はできるだけ早く大きく育とうとする。次に、母子は出産を迎える。生まれた時点で子供はすでに大きく成長している。哺乳動物は生まれたての時点ですでに平均で大人の体重の約六％にも達している。

しかし、生まれたての哺乳動物はまだ野山から自分で食べ物を探して摂取する能力がなく、しばらく乳幼児の段階で母親を経由して栄養をとる。母親にとって、胎児の負担もさることながら、乳幼児の負担はさらにたいへんなものである。母親は育ち盛りの子供の栄養を全て自分で賄うために、採食に務めなければならない。

哺乳動物の妊娠と授乳は子供の安定した成長を可能にする。妊娠と授乳の期間を通して、子供は母親に養われ、守られながら、安心して成長と発達に集中する。

対照的に卵を産んで繁殖する動物は産卵時点での母親の栄養状態に制限される。卵は胎児が生まれるまで必要とする栄養分をすべて蓄えていなければならない。胎児の排泄物も卵のなかに貯蔵されてしまう。胎児は栄養分が切れて排泄物にまみれる前に卵の殻をやぶり、生まれてこなければならない。また、親は卵を持って移動ができないので、卵を巣に収める種が多い。種によっては母親は卵を産み落としてお役目は終わってしまう。子育てをする鳥類は卵を収めた巣を守り、卵を暖め、子供の誕生を待つ。生まれた子供に餌を与えるために野山から食べ物を採取しては子供に分け与える。

哺乳類の母親は妊娠により胎児を自分の身体のなかに収めて生活を続けられるように進化した。巣などの特定の場所につながれずに、移動と採食を継続しながら胎児への栄養補給を継続できる。体力の許す限り日々の採食から得た栄養で胎児を養い、胎児の排泄物は自分のものと一緒に処分する。さらに、授乳により乳幼児は生まれた後も自分で食べ物を探したり、成体と同じ食べ物を自分で嚙んで、消化する必要はなく、成長に集中できる。

離乳とともに母子ともに新たな生涯の段階にさしかかる。子は自分の力で食べ物を探し、口にいれて、嚙みさき、飲み込んで消化するようになる。多くの哺乳動物では離乳の後それほど時間が立たないうちに性的に成熟し、自らも繁殖できるようになり、成長する勢いは徐々に緩やかになり、いずれは止まってしまう。母親は次の子供を産むべく、新たな繁殖期を迎える。

（4）哺乳動物の様々な生活史

最も小さい、わずか約二グラムのジャコウネズミから、一〇〇トンにも達するシロナガスクジラまで、哺乳動物は様々な大きさに成長するように進化した。そして、生活の駆け引きの結果、成長と発達の各段階を迎える年齢も身体の大きさとともに連動して進化してきた。哺乳類の生活史の連動を見るために、図3-1から3-4までご覧になっていただきたい。

図のデータは六四種の哺乳動物の生活のデータがもとになっている。これは多くの研究者の努力の結晶といえる。論文の数と著者の人数を数えてみたところ、論文は六七編、著者はのべ一〇九人であった。データのほとんどは研究の成果とともに学術雑誌などに発表されてきたものである。調査の努力もさることながら、筆者がこれだけの文献を調べられるのも、さいわい、学術雑誌には多くの研究を集約するレビューという種類の論文も掲載されているからである。ここの図に表したデータはA・パービスとP・H・ハービーが一九九五年にロンドン動物学会誌に掲載した哺乳類の生活史に関するレビュー論文から引用したものである。[45] もとの研究を調べたい読者は引用文献をたどっていただければ、お好きな種の生活史を調べることができるであろう。

さて、図には成体メスの体重を横軸に、そして、縦軸にその他の四つの要因の図を書いた。体重は成体メスのそれである。ご覧のとおり、体重と連動して繁殖年齢までの生存率と期間、そして乳幼児

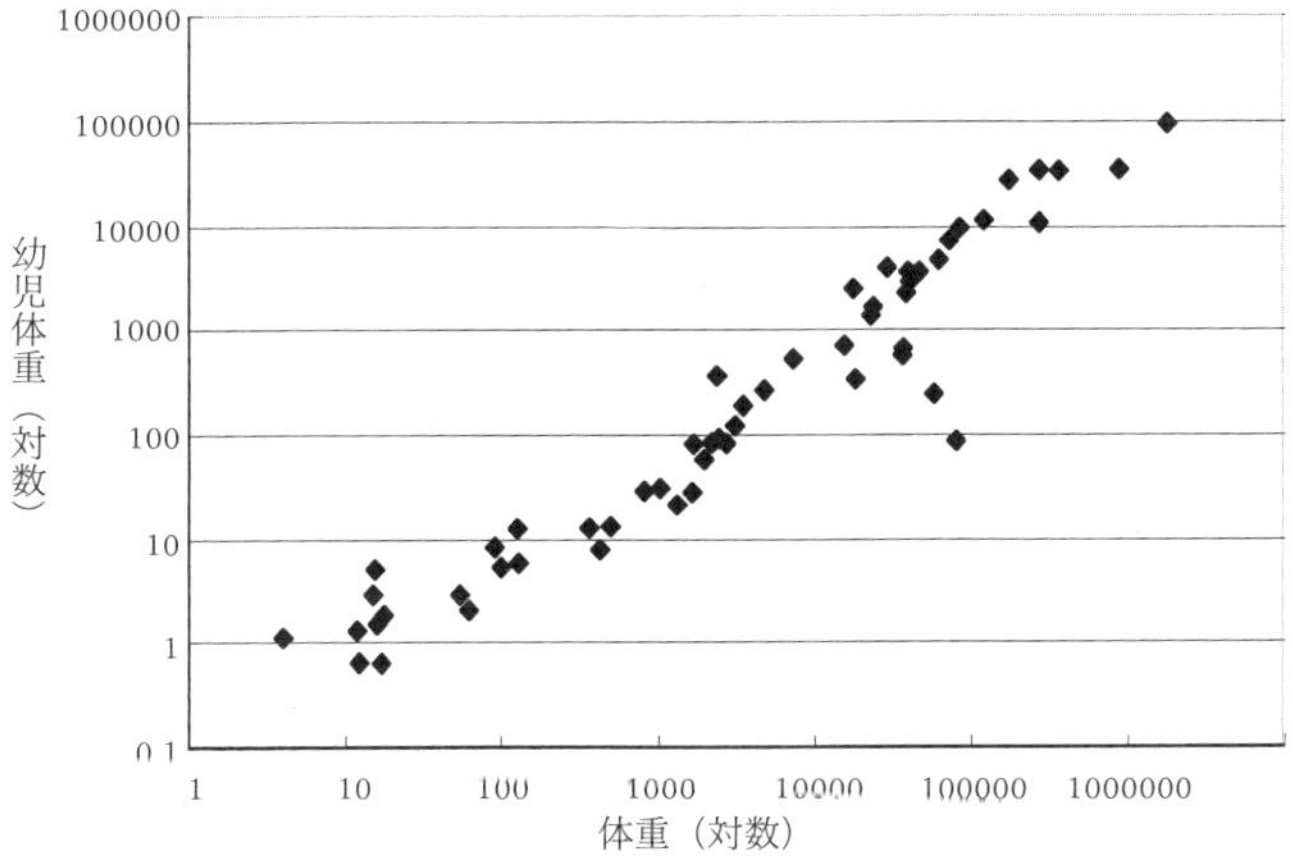

図 3-1　哺乳類動物の体重と幼児体重．体重は乳幼児と成体のグラム
出典：文献 45

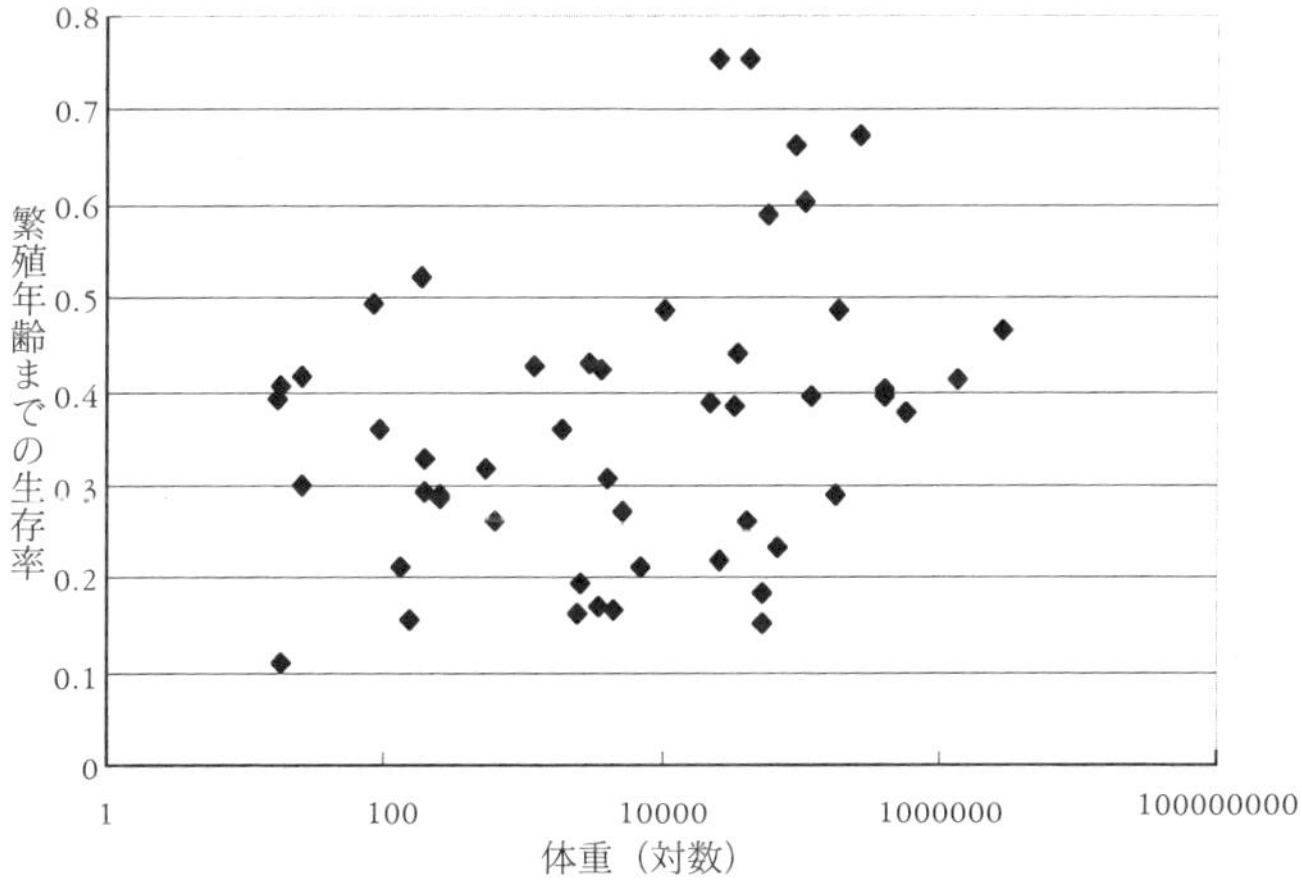

図 3-2　哺乳類動物の体重と生存率．生存率は初産まで生残る割合，体重は成体のグラム
出典：文献 45

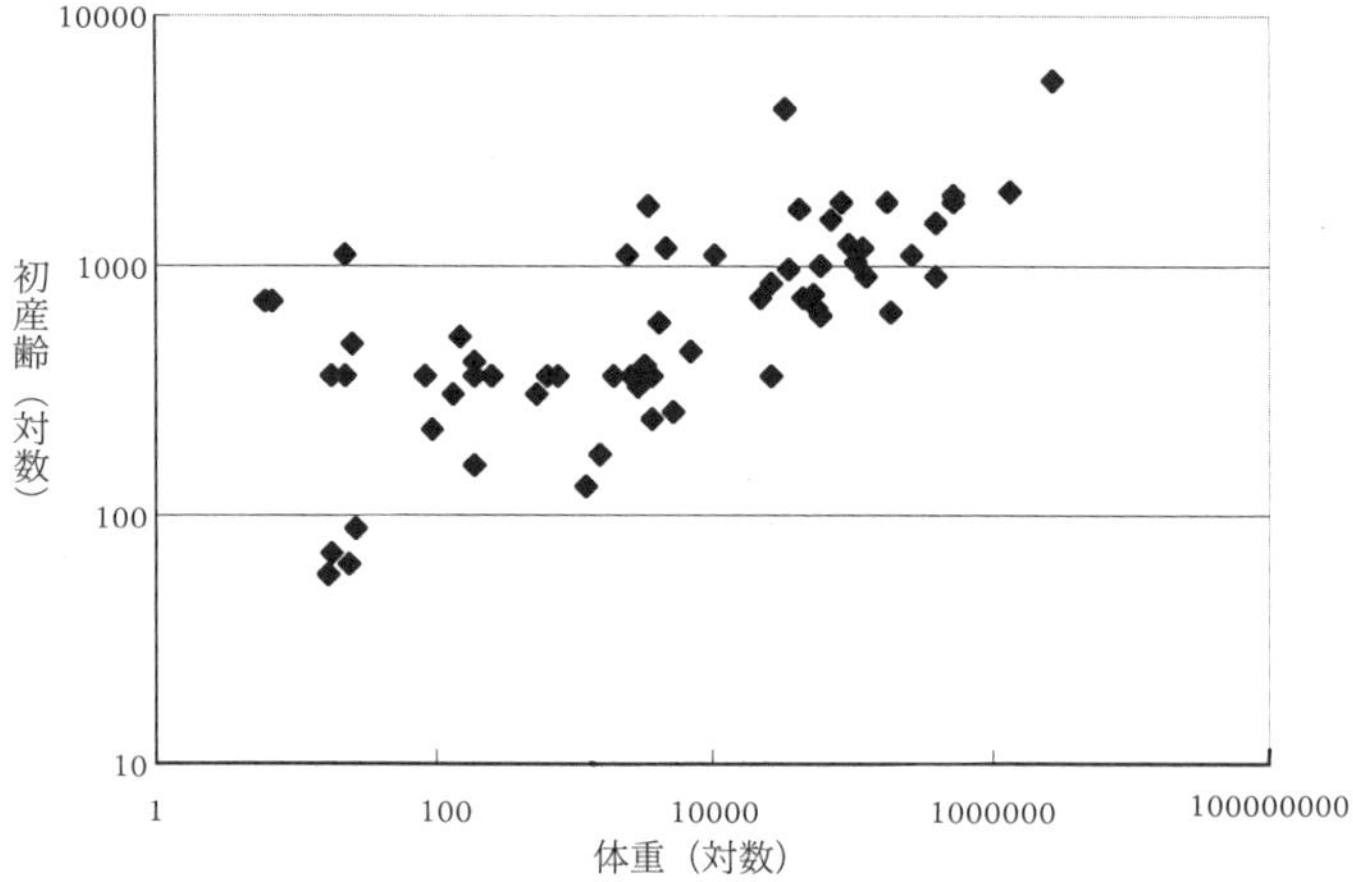

図 3-3　哺乳類動物の体重と初産齢. 初産齢は日数, 体重は成体のグラム
出典：文献 45

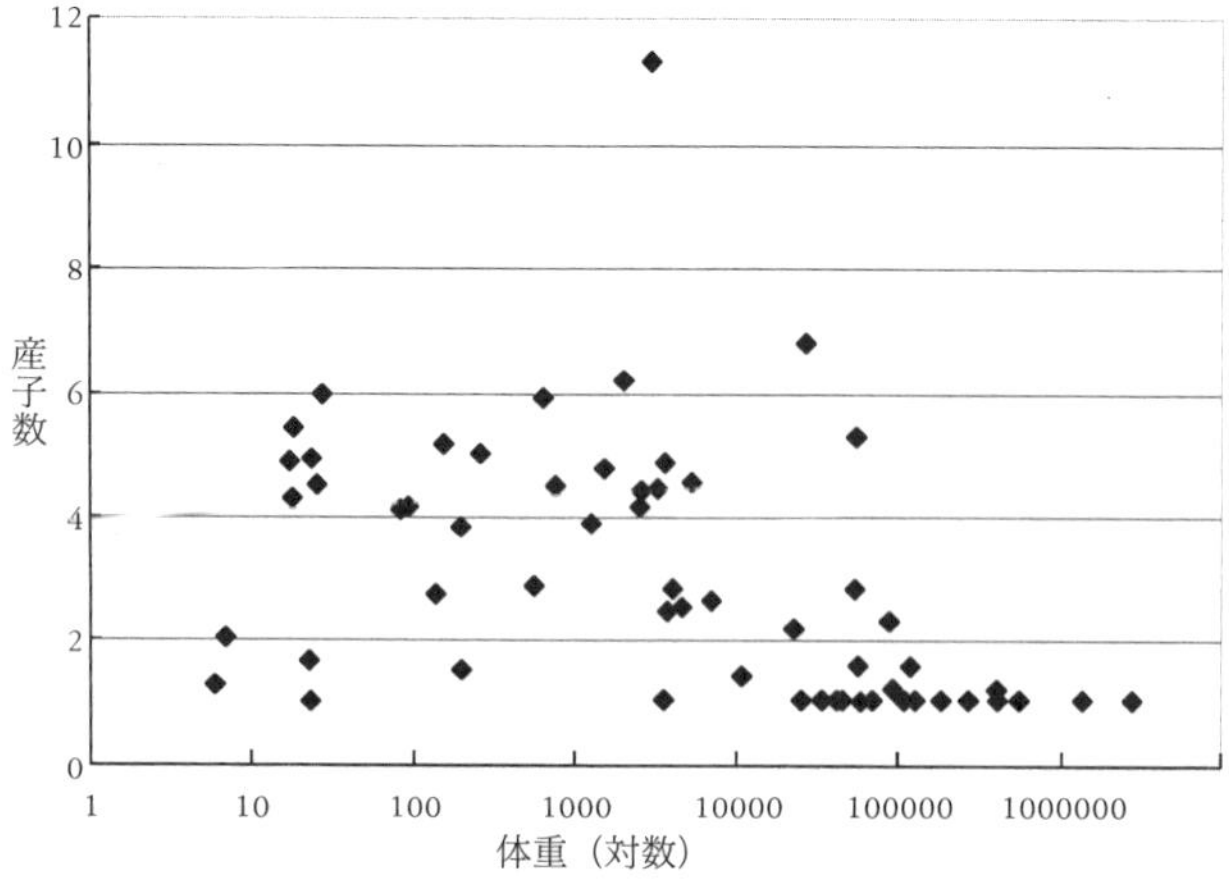

図 3-4　哺乳類動物の体重と産子数. 産子数は個体数, 体重は成体のグラム
出典：文献 45

の体重が一緒に変化する。体重が大きい種の母親はより大きい子供を産んでいる(図3-1)。傾向として、体重が大きい種の方が繁殖年齢に生き延びる確率が高い(図3-2)。しかし、成長に時間がかかるので、体重の大きい種のメスの方が初産を迎える時期が遅くなっている(図3-3)。

(5) 動物の子だくさんと少子化

哺乳動物のなかでも比較的子だくさんな種と、そうでない種が存在する。それらの生活史を見てみると哺乳動物としての生活の苦労がよく見えてくる。

では、もう一つ図をつくってみよう。これはメスが一度に産む子供の数(産子数)と体重の図である(図3-4)。全体的な傾向としては哺乳動物の子供の数はかなり少ない。一度に一頭しか子供を生まない種が多いことに注目してほしい。一頭以下は問題にできないので、哺乳動物の多くは一度に産む子供の数をこれ以上低くできない所まで下げてしまっていると考えてよい。体重が大きい種の方が一度に生まれる子供の数が少ない傾向は図から見える。しかし、点の分布にはかなりばらつきが目立つ。体重だけでは説明できない何かがありそうだ。

哺乳動物の古典的な教科書といえるJ・アイゼンベルグ教授の「哺乳類の放散」を久しぶりにひも解いてみて気がついた興味深い事実は、ライオンのような捕食動物は比較的に子だくさんでありながら、シカのような草食動物は、案外、子供が少ないことであった[9]。

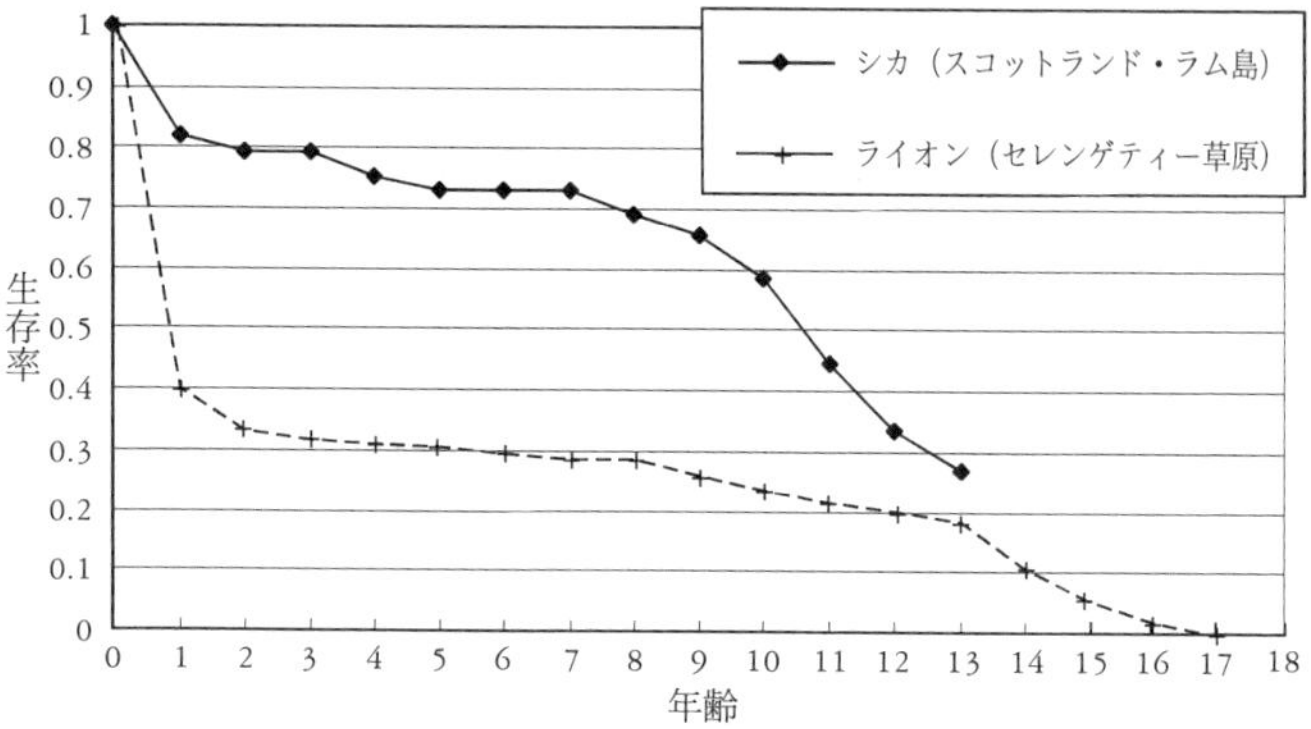

図 3-5　シカとライオンの年齢別生存率
出典：シカはクラットン-ブロックほか（文献 8），ライオンはパッカーほか（文献 43）

捕食動物の母親は一度に数頭の子供を産む。しかも、この幼児たちは未熟児の状態で産まれる種が多い。ほとんど毛ははえておらず、目もあいていない。手足も未発達なので、自分で歩いて移動することもできない。子供たちは母親の用意した巣で母親が狩りから戻るのを待ち続け、帰ってきた母親からお乳をねだる。自分で出歩けるまで数日程度かかるらしい。このような未熟な状態で産まれる乳幼児を晩成性（altricial）という。

対象的に草食動物の多くは一度に一頭の子供だけ産む。しかも、この幼児たちは産まれて数分で立ち上がり、母親について歩いて移動する。考えてみれば、ものすごいことではないか。産まれたばかりのシカやウマやキリンの乳幼児は大人のあとをついて原野を走っている。そして移動の合間に乳幼児は母親からお乳をねだる。このように成熟した状態で産まれる乳幼児を早成性（precocial）という。

生活史の論理によると、晩成性の種では母親は一度

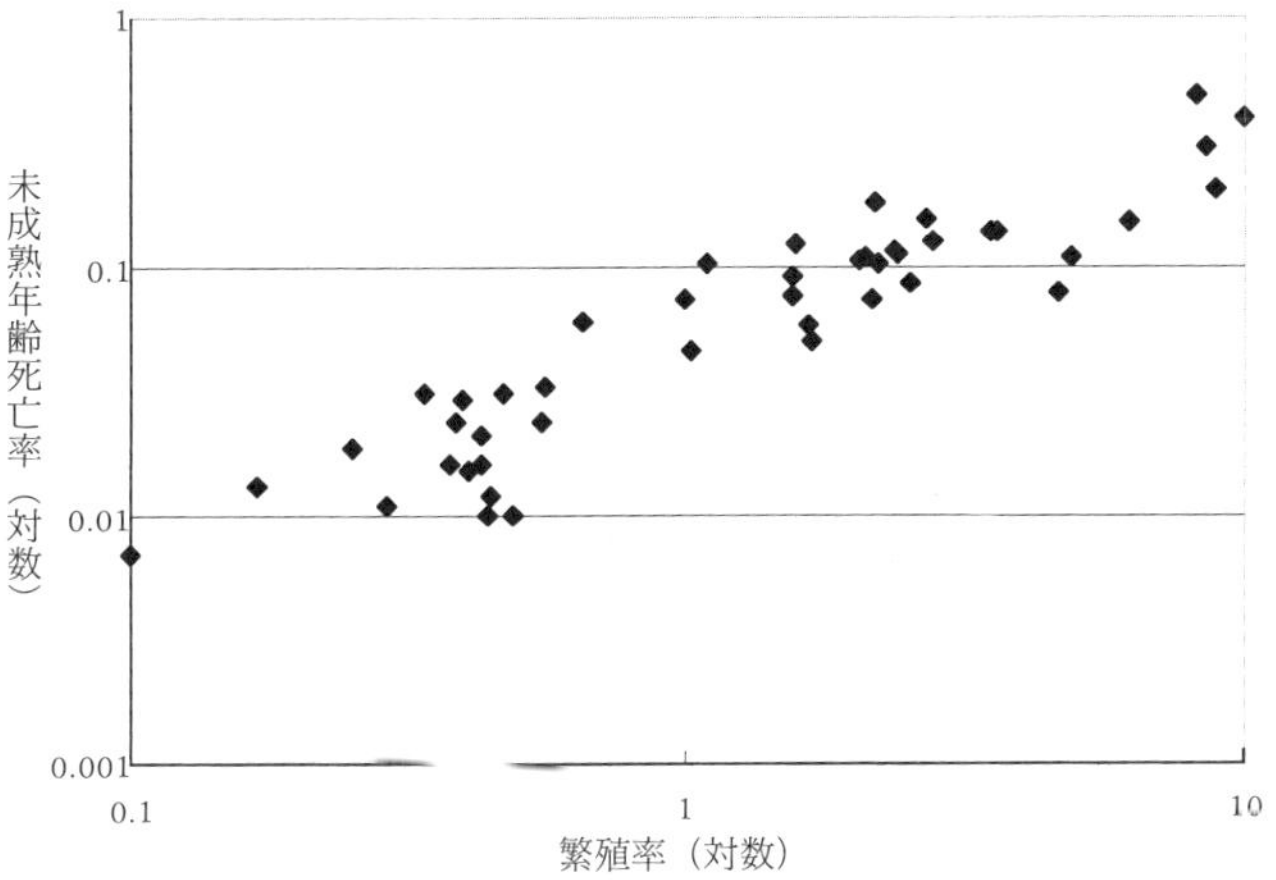

図3-6　哺乳動物の体重と未成塾年齢の死亡率．生存率は初産までの期間における年間死亡率，繁殖率は雌が雌を産む年間頭数
出典：文献45

に産める子供の数を増やせる。逆に早成性の種では母親はできるかぎり成熟した子供を産むために、身体の全力を一頭の子供に託す。

子供の数が違うということはひょっとして幼児の生存率も違うのかもしれない、と思って、ライオンとシカの生存率のデータを探して、一つの図にまとめてみた（図3-5）。すると、確かにシカの生存曲線はライオンのそれよりも高く推移している。いずれの生存曲線も野生のシカとライオンの生活史を記録したフィールド調査に基づいている正真正銘の世代データである。シカのデータはイギリスのオックスフォード大学の研究チームが一六年間も蓄積したスコットランドのラム島に生息する野生シカのデータ。(8) ライオンのデータはアメリカのミネソタ大学の研究チームが一九七〇年代から蓄積した東アフリカのセレンゲティー草原に生息するライオンのデータである[43]。

生存曲線からわかることは、ライオンはかなり生存率が低いが、シカの生存率はかなり高い。特に、子供の生存率には歴然とした差が見受けられる。シカとライオンにとどまらず、多くの哺乳類の繁殖率（母親がメスの子供を産む年率）に対して未成熟年齢の死亡率を図にしてみると、やはり死亡率の高い種は繁殖率も高い傾向が見られる（図3−6）。子孫を残す可能性を残すために、一度に母親が産む子供の数が多いライオン、一度に一頭だけ子供を産んでいるシカ、それぞれの種の生活史は捕食動物と草食動物の生涯における生存の予定にあわせて子供の数と成長速度を調整して進化した結果である、と生活史理論で説明されている。

2 霊長類という生き方

霊長類は特に大柄な動物ではない。最も小さい一二五グラムのピグミーマーモセットから、一五〇キログラムのゴリラまで、身体の大きさの幅はかなり大きいが、哺乳類として中程度の大きさである[54]。ところが、霊長類は哺乳類のなかでも繁殖率の低い生物であることが最近の研究で実証されつつある[7][46][47]。

霊長類の成長期間は長く、繁殖期に達する年齢も同じ体重の哺乳類より遅い。霊長類のメスは出産の間隔は哺乳類のなかではかなり長く、数種の例外をのぞいて、一度に一頭の新生児しか産むことはない。

さらに、繁殖の負担は霊長類の母親にとって特に重いと考えられる理由がいくつかある。妊娠期間は新生児の体重の割には長い。生まれてくる幼児も母親の体重に占める割合が高い。しかも、多くの霊長類の種では母親は育ち盛りの乳幼児を抱いたままで移動し、採食する。そのうえ、授乳期間は長いので、母親にとって子育ては大変な負担である。おかげで霊長類のメスの出産間隔がかなり長くなる。また、子育ての負担に耐えられるまで成長しなければならないメスは最初の出産も年上になっている。

さほど身体が大きくもないにもかかわらず繁殖率が低くて子育ての負担も重い、割に合わない生活努力の配分では霊長類という系統は途絶えてしまうはずだったのではないか。生物学の理論としては、かなりの問題と考えざるをえない。

霊長類という系統が途絶えることなく進化を続けた理由は、霊長類は哺乳動物のうちでも特に生存に賭けている生物であるからであったと言える。霊長類は単純に長く成長しているのではなく、同じ大きさの他の哺乳動物と比べて、生活史において生存率の向上にエネルギーと年月を投資し、霊長類は他の哺乳類にはないあらゆる能力を身につけながら進化したのである。

また、霊長類のメスは自分も労りながら子供を一頭一頭、丁寧に育ている、という解釈を霊長類のの生活史．

繁殖率	乳児体重	離乳日齢	初産日齢	初産までの生存率	成体の死亡率（月率）
0.34	446	391	1730	0.168	0.005
3.52	97.3	56	365	0.193	0.069
2.10	102	42	393	.	0.029
1.99	99.9	59	365	.	0.046
4.91	115	26	243	0.432	0.058
0.66	104	54	593	0.308	0.053

一匹の子供を産み，表内の他種より出産回数と繁殖率は低いが，乳
成体になってからの死亡率は他種より一桁低い．

生活史にあてることも可能である。子供の生存率がかなり高いだけではなく、母親の生存率も高い点に注目していただきたい。子育ての負担は重いが、霊長類の母親は無理をせずに、繁殖を始める年齢をやや遅らせたり、出産の間隔を延ばしたり、長生きして投資したエネルギーと時間を子孫という形で取り返そうとしている。

(一) 同じ大きさとしては？

さて、ここで「同じ大きさの他の哺乳類と比べて」という表現を使ったが、どういう意味なのか。まずはすでに紹介したとおり、生物のあらゆる特徴は身体の大きさと比例して変化するので、たとえば「霊長類の平均」という数値を計算したところで、霊長類各種の大きさをふまえていないとあまり意味をもたない。自動車に例えてみれば、軽自動車とトラックをまぜこぜにしてタイヤの大きさの平均を計算しているような状況に似ている。

身体の大きさを変化させて進化することは全ての生物に与え

表 3-1　体重の近い哺乳動物

和　名	学　名	成体の体重（グラム）	一度に産む子供数	一年の出産回数
トクザル	*Macaca sinica*	3590	1	0.69
ネコ	*Felis catus*	2620	4.40	1.60
ハイイロギツネ	*Urocyon cinereoargenteus*	3300	4.42	0.95
キツネ	*Vulpes vulpes*	3650	4.85	0.82
ノウサギ	*Lepus europaeus*	3730	2.46	3.99
アメリカアナグマ	*Taxidea taxus*	4100	2.80	0.47

データは文献 45 から引用．霊長類の種はニホンザルと同じマカカ属のサルで，一度に
児体重は高く，離乳と初産までの期間が長く，初産までの生存率は特に高くはないが，

られている最も基本的な進化の方法の一つであった。生物は適当な大きさに成長し、その大きさによって得られる利便性を使いこなしながら、一方で成長にともなう基本的な制約にも縛られながら生活してきた。

しかし、同じ大きさの生物でも、各系統の生物は独自の進化を遂げて来た。様々な種の生物は独自に他の種にはない身体の仕組みや能力を身につけてきた。そのため、各種の哺乳類は哺乳類全体のパターンに比べていろいろな特徴がやや突出していたり、そうでなかったりする。自動車に例えてみると、だいたい同じ重量の自動車であっても、ＲＶ車のタイヤは家族用の乗用車より大きかったりするのと同じ、と言えよう。

霊長類とその他の哺乳類の生活史を比較するためにデータを一つの方法で整理しよう。まずは、だいたい同じ体重の哺乳動物を五種、上述の論文から選択した表３－１にまとめた[45]。霊長類の種はニホンザルと同じマカカ属のトクザルで、体重が三五九〇グラムなので、約三千から四千グラムの他の哺乳動物を選択した。この程度の体重の哺乳類は一度に複数の小さい子供を産み、その子

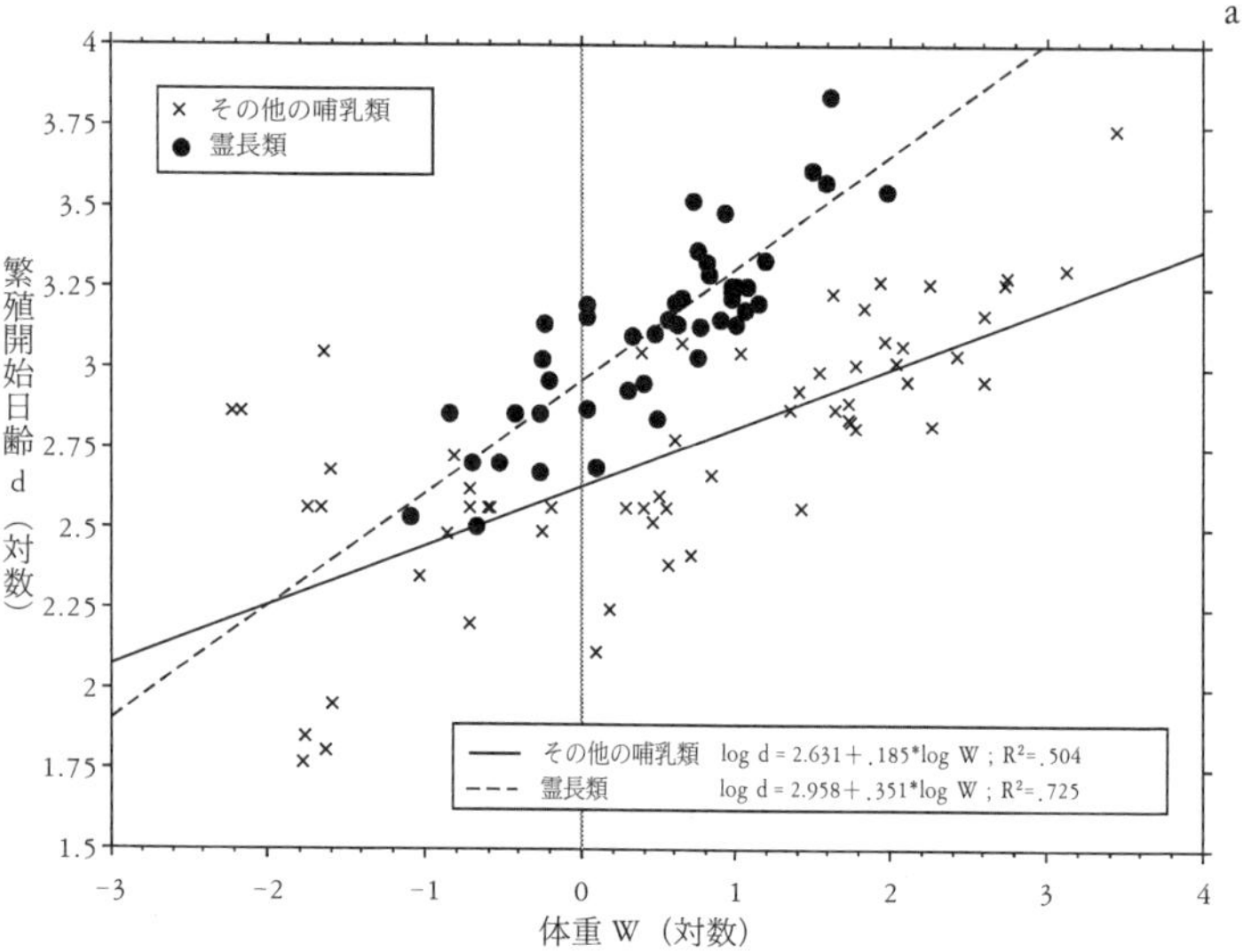

図 3-7abc　哺乳動物の体重と繁殖開始齢．繁殖開始齢は日数（d），体重（w）は成体のキログラム
出典：その他の哺乳類はパービスとハービー（文献 45），霊長類はハービーほか（文献 14）

たちは二ヶ月以内に離乳し、約一年ですでに初産を迎える。対照的にトクザルは一度に一匹の大きい子供を産み、表内の他種より出産回数と繁殖率は低く、離乳には一年かけたうえに、初産まで五年近くもたってしまう。そのせいか、初産までの生存率は必ずしも高くない。しかし、トクザルの成体としての死亡率は他の種より一桁も低いことが表からよみとれる。

（2）生活史進化の全体像

霊長類は同じ体重の哺乳類より成長期間は長く、繁殖期に達する年齢も遅い、とさきほど書いた。ここ

b

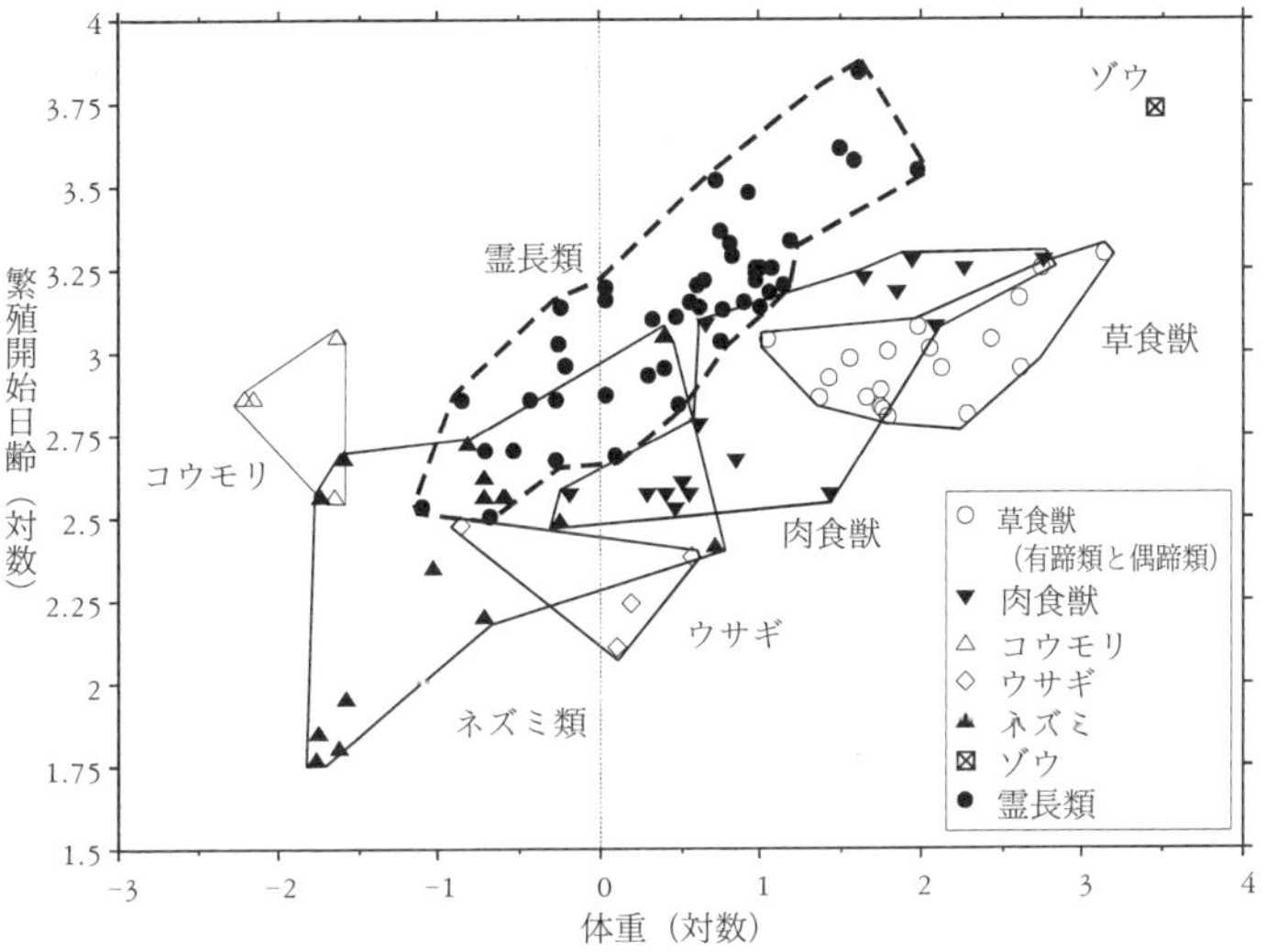

c

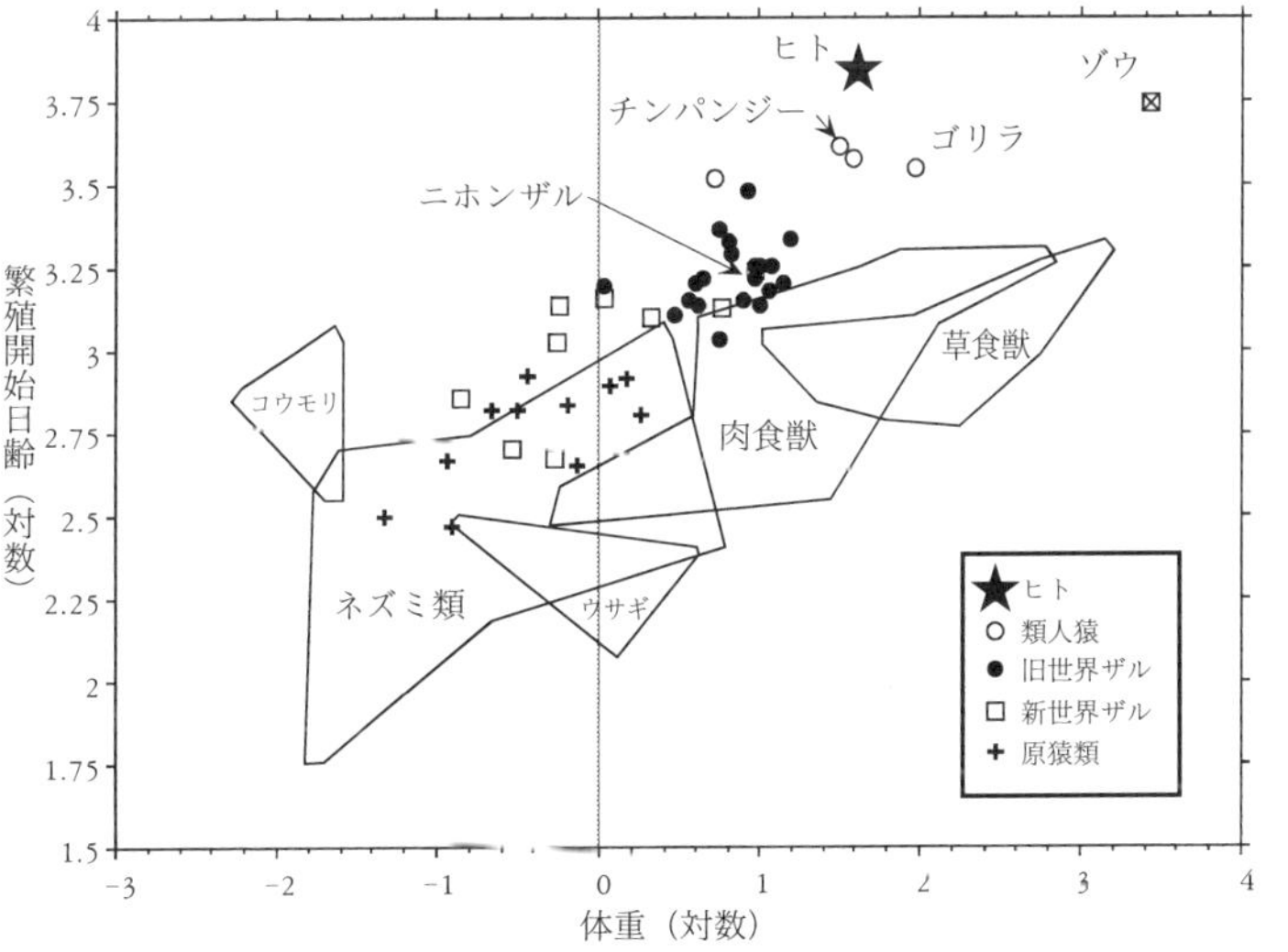

第3章　我が人生に悔い無し

68−69

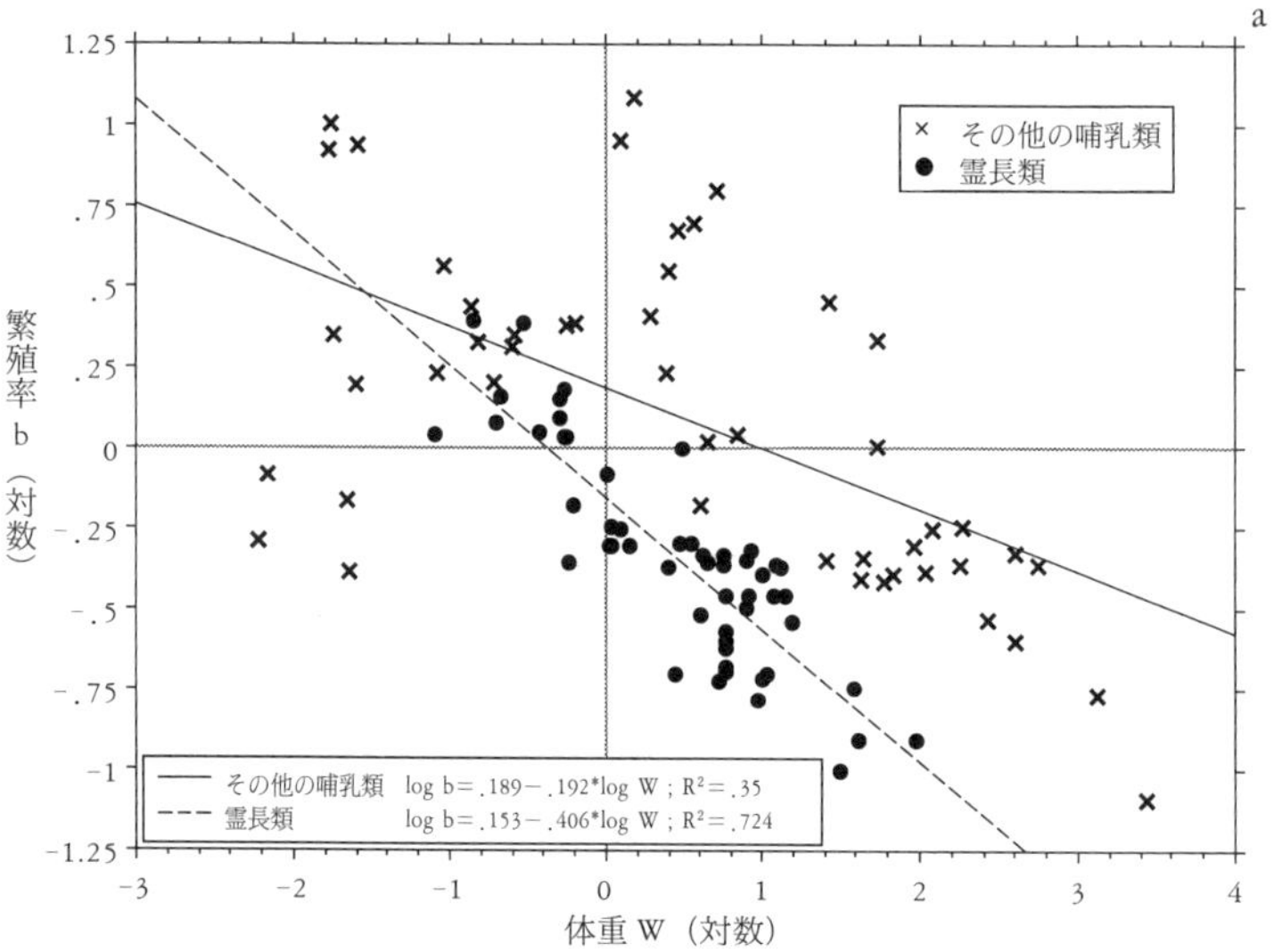

図 3-8abc　哺乳動物の体重と繁殖率．体重は成体のキログラム，繁殖率は雌の子供が生れる年間頭数
出典：図 3-7 と同じ

に霊長類と他の哺乳類の繁殖開始年齢と繁殖率を直接比較するのが図3-7と図3-8である。図に登場するデータ点は同じだが、それぞれaとbとcを用意した。aは霊長と他の哺乳類の違いを一目で把握するためにその二つのグループに分けてみた。bは哺乳類にいろいろな種類が存在することを考慮して、哺乳類のグループを細かく分けた。そして、cは霊長類のなかの変異を紹介するために霊長類をおおきく四つに分けてみた。哺乳類のデータは上述の論文から、[45]霊長類についてのデータはP・ハービーらの霊長類の生活史の論文にあるデータから計算した。[14]

読者の皆さんにはしばらく研究者

b

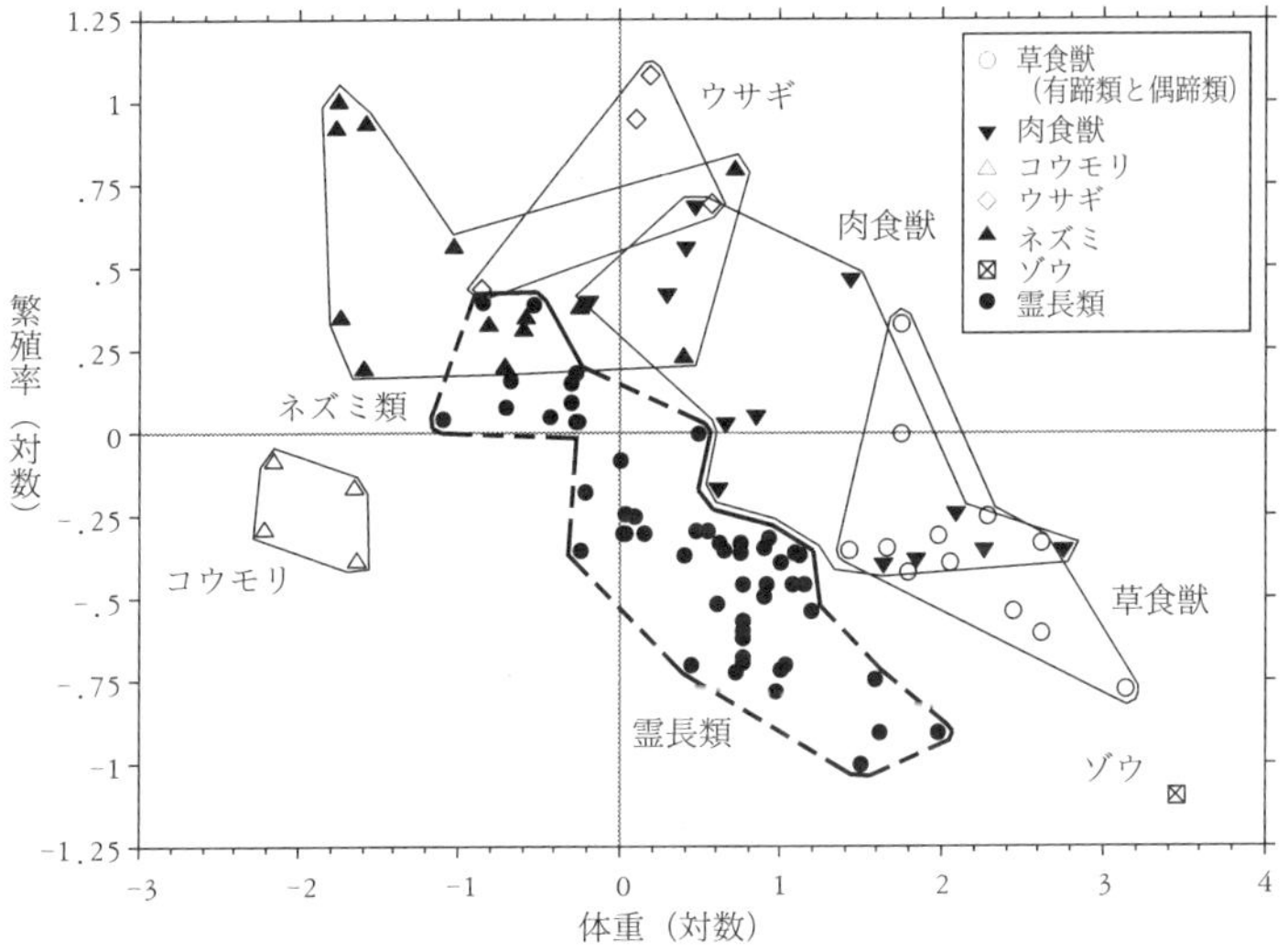
草食獣
（有蹄類と偶蹄類）
肉食獣
コウモリ
ウサギ
ネズミ
ゾウ
霊長類
ウサギ
肉食獣
ネズミ類
コウモリ
草食獣
霊長類
ゾウ
繁殖率（対数）
体重（対数）
1.25
1
.75
.5
.25
0
-.25
-.5
-.75
-1
-1.25
-3
-2
-1
0
1
2
3
4

c

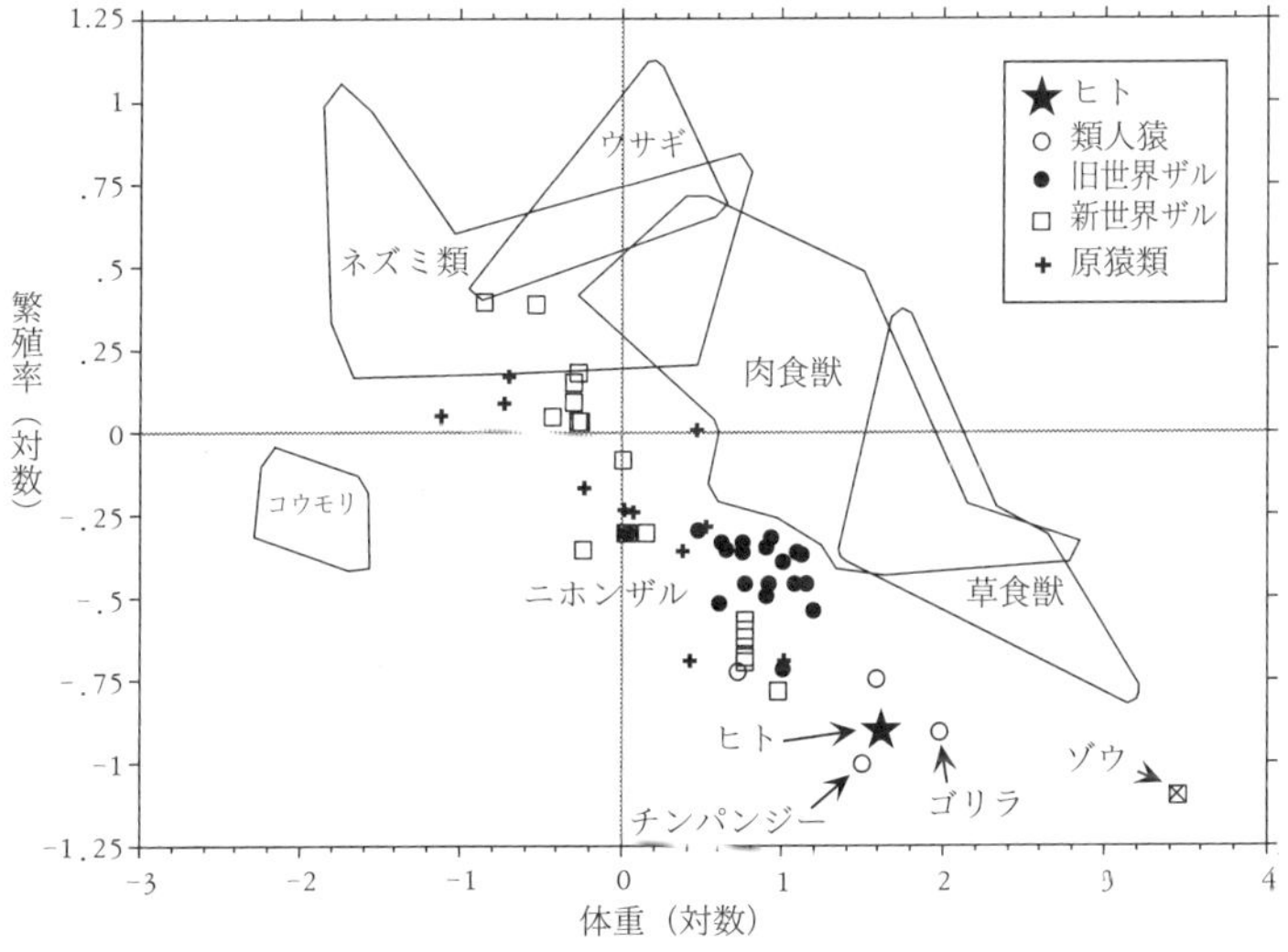
ヒト
類人猿
旧世界ザル
新世界ザル
原猿類
ウサギ
ネズミ類
肉食獣
コウモリ
草食獣
ニホンザル
ヒト
ゴリラ
チンパンジー
ゾウ
繁殖率（対数）
体重（対数）
1.25
1
.75
.5
.25
0
-.25
-.5
-.75
-1
-1.25
-3
-2
-1
0
1
2
3
4

になった気分で図を眺めていただきたい。

注目してほしいのは、それぞれの図で霊長類の種を表す点が他の哺乳類のそれと比べてやや高めや低めに集まっていることである。まず、図3−7で霊長類は繁殖を始める年齢がやや遅いことが見える。さらに、生体になった霊長類の繁殖率はかなり低い（図3−8）。

では、自分の好きな動物は霊長類と比べてどうなっているのだ、と考えている読者のためにbの図を用意した。確かに、「他の哺乳類」と称してさまざまな動物を十把一絡げに扱うのは単純すぎる。肉食獣と草食獣は身体は大きいわりには繁殖を開始する年齢はやや早く、繁殖率も少し高い。ネズミ類の個体は小さく、一見するとみな同じように見えるが、実は生活史の変異が大きく、点の分布は霊長類とかなり重複している。図を描いていた私として発見であったのがコウモリ類であった。身体は小さいが霊長類なみに繁殖開始年齢が遅く、繁殖率も低い。コウモリ類と霊長類の生態はなにか似ているかもしれない、と思ってしまう。コウモリについてはまた後で一言ふれようと思う。

図で霊長類と他の哺乳類との違いが明瞭になったようで、データ点の分布がかなり複雑に見える。この点の分布には生命の重要な原理が見え隠れしている。生命は規則性と変異の融合から成っている。生物の系統は共通の祖先からぽこぽこと新しい種を発生させながら枝分かれして進化する。地球上の生命は大樹のごとく枝分かれを繰り返しながら、生物の可能性を展開しつつ進化をとげてきたのである。そこで、生物学では系統と言う言葉に「樹」の字を足して、進化をあらゆる種の「系統樹」で表す。進化の大樹の枝先がまさに現在まで生き延びた私たちにも観察できる生物の種であり、世界各地に生息している。図に登場する種はみな現存する種なので、データ点は大樹の枝先の分布の図となる。共通の祖先と生態を持つ種は生活史も似ているので点の位置は近くなる。と同時に、各種は独特の工夫で独自の生態に適応して進化しながら、かつての仲間の枝から遠ざかっていく。進化はすなわち変化であり、変化は遅かったり速かったりする。そこで図を見ながら、生物の規則性と変異の融合であるという性質について考えていただきたい。各種を表す点は仲間と固まっていたり、突飛にかけ離れていたりする。

c この図で霊長類内の変異にも目を向けなければならない。この図は霊長類を大きく四種類に分ける。「原猿類」は霊長類の進化の上では最も歴史が長いが、身体は小さく、図では他の哺乳類と重複する領域に位置する種が霊長類のなかで最も多い。中南米に生息する「新世界ザル」はかなり体重の変異が大きいが、生活史は原猿類の領域からはみ出している種が目立つ。アフリカとアジア両大陸に生息する「旧世界ザル」はニホンザルやトヒなども含む。図内の旧世界ザルのデータ点は他の哺乳類の領域からほぼ完全に外れているので、この種類のサル達ははっきりと哺乳類としてかなり独特な生活史を持つと認めてあげられる。最後は「類人猿」、英語でいうエープ（ape）である。お馴染のチンパンジー、ゴリラ、オランウータンとともにテナガザルもこれに含まれる。体重は哺乳類としては決して最大級とは言えないが、類人猿は霊長類としては最も大きい種ばかりである。生活史も他の霊長類と哺乳類からかけ離れていることは明瞭である。ヒトも類人猿に含めていいのだが、図ではヒトを独自の印で描いた。ご覧のとおり、ヒトの生活史はかなり特殊で、図3-7のなかでは仲間の霊長類からも離れて勝手な位置を占めている。

(3) 子育ては子運びから

霊長類は樹上で生活するための工夫を身体と行動の随所に備えて進化した。大事な子育てにも、他の哺乳動物には珍しい母親の努力が霊長類に発達した。

霊長類の乳幼児は哺乳類のなかでは比較的に早成性であり、生まれた時から目は開いていて毛もしっかりはえている。ところが、乳幼児は自分で木登りはできない。これは霊長類の親子にとってはかなり切実な問題である。早成性の哺乳類の乳児は生まれてすぐに母親について歩く。晩成性の乳児を持つ哺乳類の母親は子供を巣に託して採食に出かける。木登りが出来ない子供を持つ霊長類の母親も、かなり早成性でありながら乳児を巣においたり、木陰に託してから採食する。自分で移動できない子供は母親が口にくわえて運んでやることもある。霊長類ではこのような行動は進化の歴史が最も古い原猿類によく見られる。しかし、多くの霊長類は哺乳類では稀な、もう一つの工夫を発展させた。

生まれたての乳幼児は母親の毛をしっかりと摑んで、どこへ行くにも母親に運ばれながら連れていってもらう。幼児は生まれたての小さい間は母親のお腹の下にぶら下がって運んでもらう。少し育つと、母親の背中に乗りながら運んでもらうこともある。ということは、新生児は捕食者などの危険から守られながら、移動にエネルギーを費やすことなく、いつでもお乳を飲ませてもらいながら、成長に集中できる。母親は採食が済んだあとにいちいち巣へ戻る時間と手間を節約することができる。

子供を運ぶ行動はすべての霊長類を特徴づける身体や行動の工夫の一つ、とあげたいところであったが、生物進化はなかなかそう単純な話を許さない。進化の過程で霊長類は身体と行動の実験を繰り返しながら進化してきた。いろいろな実験の結末として現在まで生き延びた霊長類の種が世界各地に生息している。たとえ二つの種が同じ特徴を持ち合わせているとしても、それは系統図のうえで見ると独自に身につけたか、共通の祖先から受け継いだものかもしれない。

母親の幼児に対する授乳は、もちろん霊長類の種すべてが哺乳類の祖先から受け継いできた共通の特徴である。逆に、霊長類に特有の能力も霊長類が進化をたどる系統のなかでいつしか発生してきた。

霊長類の生活史研究の第一人者の一人であるC・ロスは幼児を常時運ぶ行動は霊長類では最低でも四回は進化したと提案している。[47] 霊長類の系統図に子運び行動を持つ種を並べてみて、霊長類の共通の祖先が子運び行動をしていなかったと仮定すると、子運び行動の進化は図3-9のようになる。類人猿と新・旧世界ザルの母親はいずれも子供を運ぶ。原猿類のなかではポト、レムール、シイファカなどが子供を運ぶように進化した。

幼児を抱いているサルの母親を見る私たち人間からすれば、それは実に心温まる光景である。子守りをする母親にとっても、良いことずくめのように思えてしまうかもしれない。しかし、子供を連れて移動することにも生活の駆け引きが付きまとうのではないか。母親は重い乳幼児と一緒に木に登ったり枝の間を飛び移ったりしなければならない。子供を運びながらの移動が哺乳類のなかでは実は珍

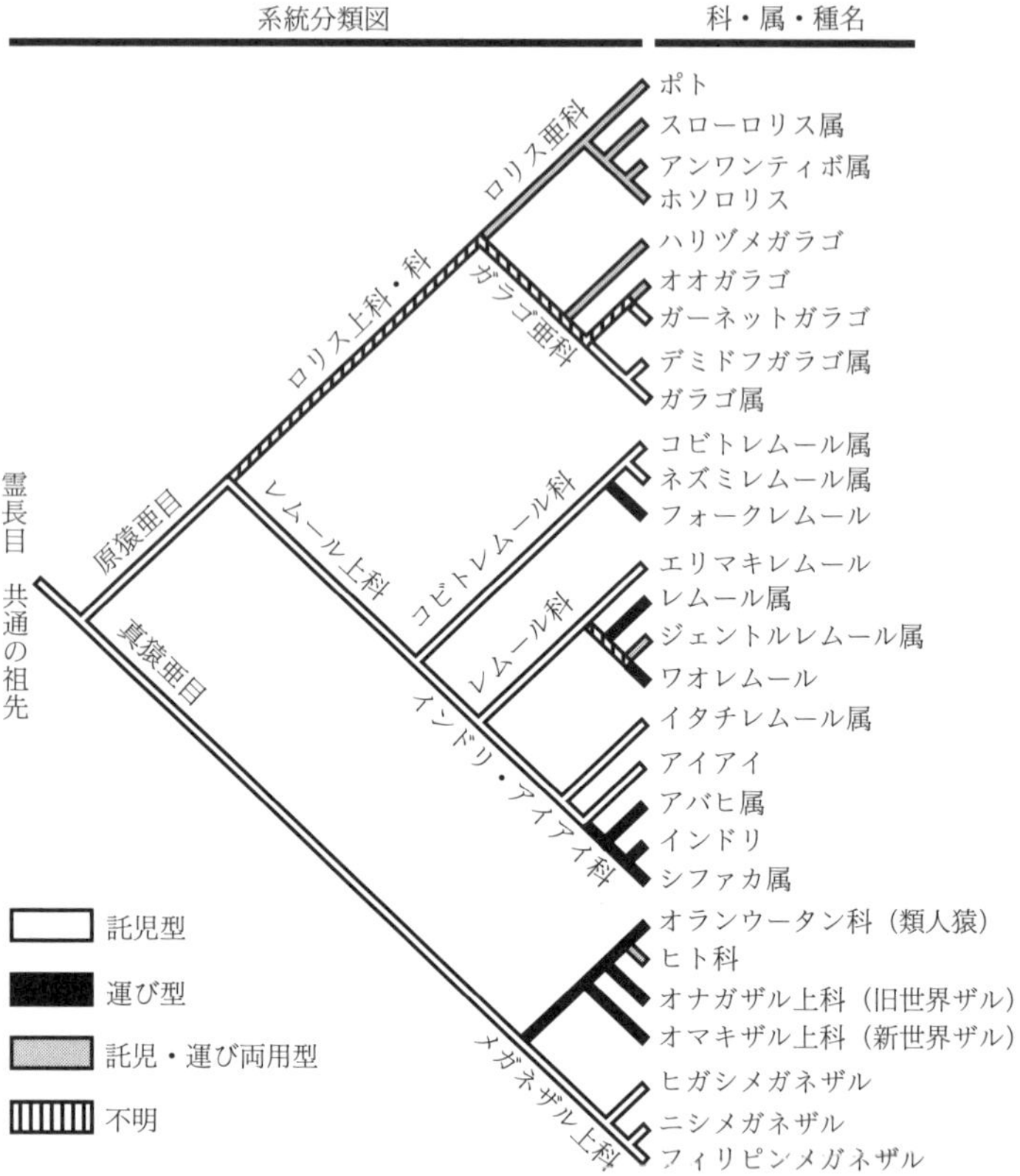

図 3-9　霊長類の系統における母親が子供を運ぶ行動の進化
出典：系統図はロス（文献 47），系統名は杉山（文献 54）

しいということには、それなりに理由があるのではないか。

C・ロスは乳児を巣などに託す種と運ぶ種のあらゆる特徴を分析し、やはり子供を運ぶ行動にも駆け引きが存在することを発見した。まず、幼児を運ぶ種は運ばない種と比べて身体がやや大きく、離乳年齢が高く、繁殖開始年齢も遅れるために、繁殖力がやや低い。さらに、移動に費やすエネルギーを節約するためなのか、遊動域の面積がやや狭い。

幼児を運ぶ種は哺乳類には他に例は少ないが、たとえば樹上に生活するナマケモノやパンゴリンと、空を飛ぶコウモリ類に進化した。いずれも母親が一度に生む子供の数が少ないとともに、幼児が親について移動するには難しい環境に生活している。

（4）脳の大きさ

哺乳動物は生存のために学習と知能に頼る部分が大きく、脳が他の動物に比べて大きいことは多くの生物学者が指摘した事実である。脳と身体の重量のデータを集積したJ・ジェリソンは爬虫類と魚類に比べて哺乳類と鳥類の脳は身体のより大きい割合を占めていることを示した[19]（図3-10）。哺乳類のなかで霊長類はとりわけ学習と知能にたよる生活をしているとされている。実際に哺乳類のなかでも脳の割合が体重のうちかなり高い種類であることは確かである。

学習と知能は何のためなのか。予測しにくい環境の変動に適応したり、複雑な社会行動を発揮する

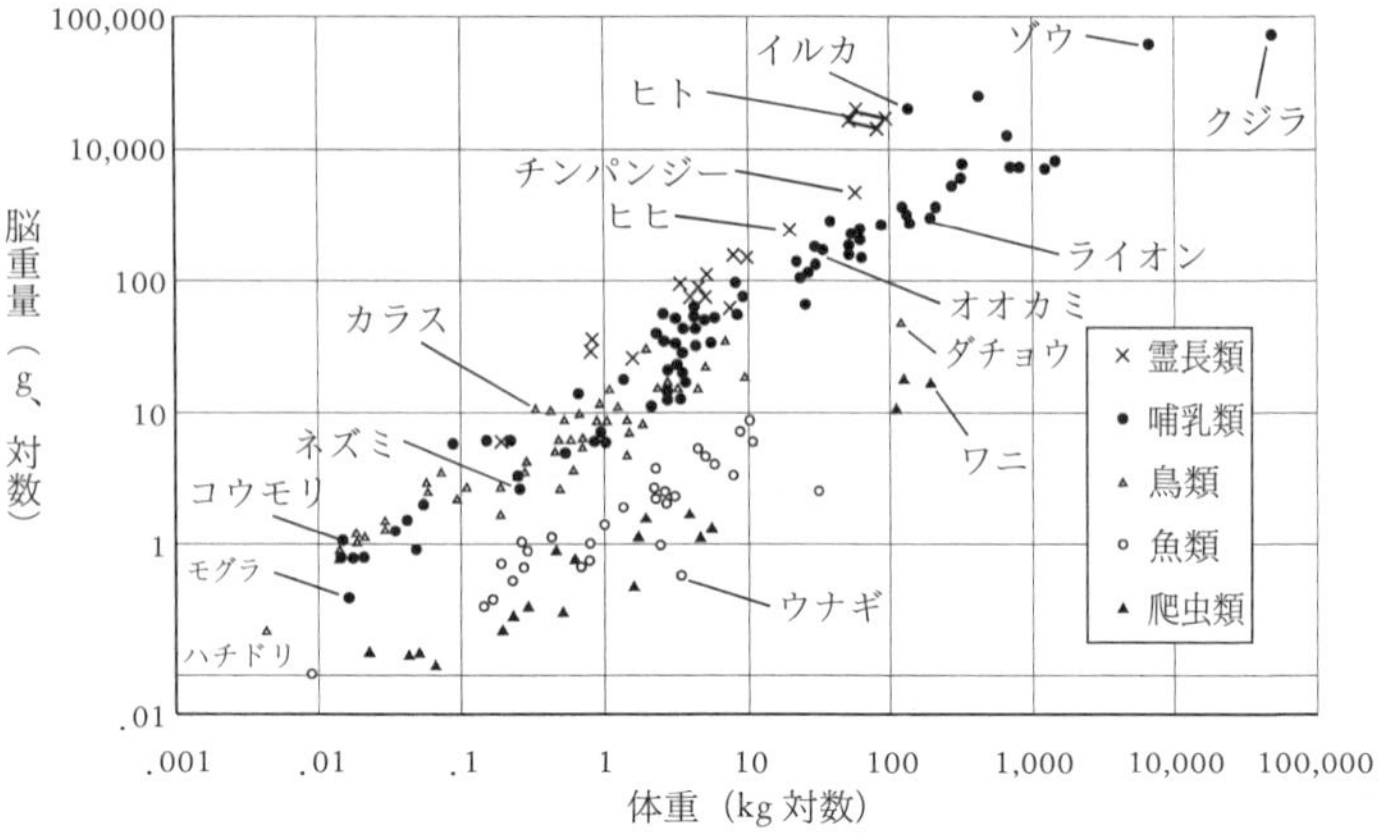

図 3-10　動物の脳の重量と体重
出典：文献 18 と 19 からの図を統合

術を各個体に持たせることは言うまでもなく生存にかかわる重要な能力ばかりであろう。ただし、大きい脳はいいことずくめではない。

脳は成長と維持に非常に時間とエネルギーを必要とする、いわば、きわめて高価で贅沢な臓器である。よって、脳は哺乳動物にとって生存に不可欠な大事な臓器であると同時に、生活に多大な負担をかける臓器でもある。脳はそれ事態が栄養を摂取したり、酸素を取り入れたり、病気と戦うなど、生命を維持するために必要な根本的な生理機能を果たす臓器ではない。よっぽと役に立っていないかぎり、動物にとっては文字どおりに頭の重い問題になりかねない。実際に小さい脳で十分に生き延びる生物は多く存在する。

では、霊長類にとって脳の役割とはいったいなんであろうか。霊長類は哺乳類のなかでも、とりわけ探し出すことが難しい食べ物を求めて生きていくために、脳がより発達したという論理が霊長類の脳の大きさを説明する有力な学説といえる。森林に依存して生息する霊長類は昆虫から新芽や果実まで、森林にある様々な餌を探し出しては食べているが、とりわけ果実に依存する種が多く、果実食が霊長類を特徴づけているといえる。

「たわわに生った果実のように豊富」などといった豊穣を表す文学的な表現もあるぐらいなので、果実は簡単に見つかる食べ物と思われているかもしれない。が、これは森林の生態の大きな誤解である。

森のなかでは果実は見つけにくい。すべての木に春夏秋冬実が生っているわけでは決してない。実をつける樹種は季節とともに常に変化する。さらに、実をつける木々は森のなかにばらばらに点在して生えている。広い森のなかをサルは食べられる実を探し求めて移動する[38]。

果実を見つける大事な能力の一つとして霊長類は森林の緑の背景から果実の色を見分ける能力をもった。色彩認識のためには、脳細胞の数が多く必要となる。実際に霊長類の脳の視覚中枢は色彩認識のない哺乳動物より大きい[1]。

さらに、森のなかの木々をサル達は一本一本、覚えているのではないか、と思わせる事態に何度も遭遇したフィールド研究者は数多いのではないだろうか。私もニホンザルの調査中に、行列をつくったサルの群れを追っているうち、一度も足を踏み入れたことのない遠い森へと息を切らせながら、その群れにまさしく連れていってもらうような感覚を覚えながら追跡したことがあった。すると、そこには実がたわわの木があり、群れはその木に一斉に登り、興奮して鳴きながら果実を貪り食べる光景となった。まるで、そのサルの一群はそこに実を十分につけた木があることを確かに知っていたかのように。

これはフィールド研究者の経験にすぎない。しかし、その一方でこうした経験を実証づけるための試みも行なわれている。P・ガーバーらは、大学の実験林でクチヒゲタマリンとオマキザルという南米のサルが食べ物を探す戦略に注目している。[11] 彼らの実験の一つは、実験林のなかの複数のサル用の餌台に餌のあるものと無いものとを設置してみるというものだった。するとサル達は餌のある台とない台を素早く記憶し、餌のない台には立ち寄りもしなくなった。もう少し複雑な実験では、餌を置く台を午前中と午後で逆にした。すると、サル達は最初こそ混乱したが、午前中に餌がなかった台に行けば午後にはそこで餌にありつけることをすばやく学習したという。

このように、霊長類は知能と記憶力と学習能力を駆使して、効率良く木々をモニタリングしながら果実を探し求め、季節や気候の変動に適応するように生活史を進化させた動物であることがわかる。

3　アロメトリーの神秘

この章の図として、また両対数図に登場してもらおう。前の章で、対数目盛を使う理由として、値が極端に異なるデータを一つの図のなかに収めるのに便利なのだと説明した。これはこれで事実なのだが、対数目盛にはさらに大事な生物学的な意味がある。それは、両対数図でデータを描く場合に表現されるX軸の変数とY軸の変数との間に存在する数学的な関係に秘められている。

生活史にかかわるあらゆる要因と体重の関係は、両対数図では直線として表れる。これは、体重に対してY軸の変数の関係が指数関数で表せることを意味する。このように指数で表す関係をアロメトリー関係（allometry）という。体重をWで示す指数関数を書いてみると、

$$y = aW^b$$

と書く。これを対数の式に書き直すと、普通の直線式のように変身するので、

$$\log y = \log a + b \log W$$

と書く。両対数図は後者の図であり、直線の傾斜が指数のbの値となり、log a は線の高さを決める係数となる。数学の授業でお馴染になった、あの指数関数や対数ではないか、と軽く受け止めてもらっては困る。bとaには実に大自然の神秘が潜んでいるのだ。

生物学で最も有名な、体重にかかわる指数式をここに書いてみよう。ほかならぬ、体重と基礎代謝の指数関数である[36]。基礎代謝とは動物が静かに休んでいる状態のエネルギー消費量のこと（標準代謝とも言う）。動物が飛んだり跳ねたりすれば当然に代謝は速くなり、エネルギー消費量は増えるのだが、

静かに休んでいる状態は体を維持するための基礎的なエネルギーの生産のみが測れる。もちろん基礎代謝は大きい動物のほうが大きいのだが、体重と基礎代謝の関係は体重が二倍になればもう一方の基礎代謝も二倍になるといった、単純に比例する関係（アイソメトリー isometry という）ではない。体重と基礎代謝量は指数式で表すアロメトリーの法則にしたがっている関係として、生物学の教科書によく紹介されている。

動物の体重と基礎代謝のアロメトリー関係を表す指数bの値は〇・七五である。先ほどの指数式に体重をウェイトのW、代謝をエネルギーのEとして書き込むと、

$$E = aW^{0.75} \quad あるいは \quad \log E = \log a + 0.75 \log W$$

となる。

この〇・七五という数値は自然の神秘の一つとして考えている研究者は私一人とは思えない。どういうわけか、動物の基礎代謝量と体重の対数を計算して、両対数図に数値をおとしていくと、千差万別であるはずの動物の各種は傾斜度〇・七五の線の上に集まってしまうのである。

アロメトリー式に現れる規則性を強調してきたが、自然の神秘には規則性と同時に変異が並存することにもある。アロメトリー式はその変異の一部を係数のaで表せる。すなわち、種類の違う動物のbの値が同じだとしても、aが異なる場合があるのだ。

基礎代謝の場合、単細胞生物、変温動物と、恒温動物がその例である（図3-11）。この3種類の動物

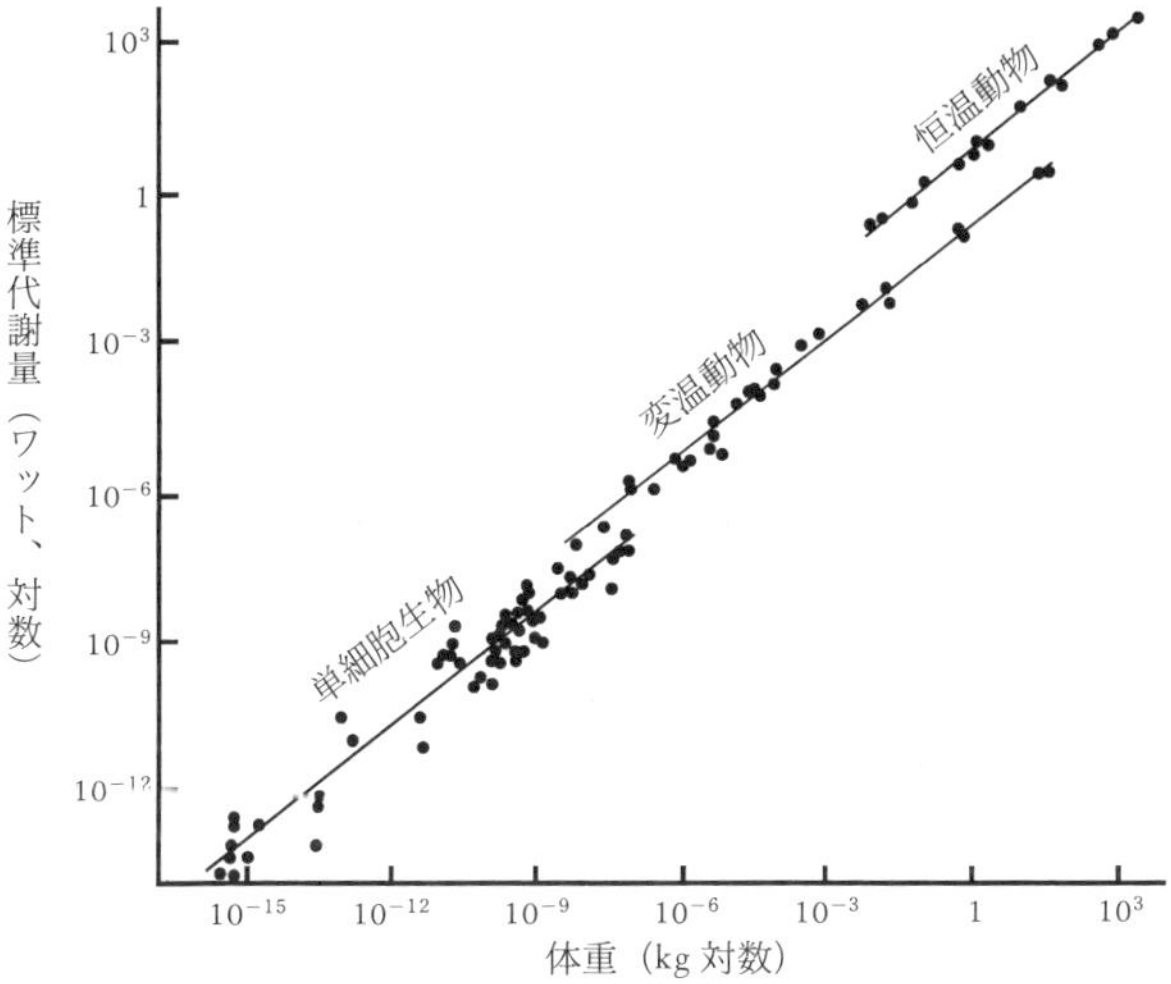

図 3-11　動物の体重と基礎代謝量
出典：文献 36

の体重と基礎代謝は基本的には同じ原理で決定されているらしく、bの値はだいたい同じ〇・七五になるが、その関係を表す線の高さは異なり、aの値の違いで表現される。そして、aの値は生物の生理や生態の根本的な進化の発達段階、「グレード」の違いを表しているとされている。図3-11を生理学的に解釈すると、哺乳動物は体温を常に高く維持しているので、同じ体重の変温動物と比べて休んでいる状態でも代謝が高いことが図から読みとれる。

このように、アロメトリー式は体重と基礎代謝の規則性と変異を一つの単純な式でみごとに整理してくれる。しかし、アロメトリー式は基礎代謝量のような、いかにも身体の大きさと関係のありそうな生理的な現象だけにあてはまるものにとどまらない。さらに驚く

表 3-2　霊長類の体重と各変数の対数に基づいて行った統計解析で得られた回帰線の傾斜値と交差点値

出典	要因名	変数	傾斜	交差点
Ross and Jones	初産年齢	log AR	+0.342	−6.42
	繁殖率	log b	−0.310	+0.930
図 3-7a	初産年齢	log AR	+0.351	+2.958
図 3-8a	繁殖率	log b	−0.412	+1.52

出典はロスとジョーンズ（文献 48）と本章の図 3-7 と 3-8. b 繁殖率（メス出産年率），AR 第一子を出産する日齢.

べきことに、生物の体重とあらゆる変数は両対数図の上では一本の線に集まってしまう。しかも、体重とはあまり直接には関係のなさそうな生物の生活も基礎代謝量と同じように体重といっしょにアロメトリー式として表せるのである。

実際、生活史の研究はあらゆる要因のアロメトリー関係の探求と説明が研究の方針の主流であると言っても過言ではない。

多くの研究者はありとあらゆる身体の部分や生活の特徴のデータをコンピュータに入力しては、指数関係を探し求めてきた。たとえば、C・ロスとK・ジョーンズは霊長類の生活史要因と体重のアロメトリー指数を計算した[48]（表 3-2）。この章で紹介したデータでも、実はアロメトリー式が計算できる。図 3-7 と 3-8 の直線と余白の指数値は、統計的な計算の結果得られたものであり、ぜひ参照していただきたい。図のデータはロスとジョーンズの使用したデータと出典が違うので、計算結果は多少異なるが、傾向は似ている。

さらに、図 3-7 と 3-8 に引いた直線は霊長類と他の哺乳類の重要な違いを見せてくれる。アロメトリーの研究では、基礎代謝の図に見られるように、二種類の動物の線は高さが違っても、傾斜は似ていることが多い。ところが、霊長類の繁殖開始年齢の線は他の哺乳類より高い所を推移しているだけではなく、傾斜そのものが高い。体重の増加を伴い繁殖開始年齢が遅れる傾向は霊長類では特に顕著であることを、アロメトリー式は私たちに教えてくれているのである。

図3-7の霊長類の繁殖開始年齢の線の急傾斜は、いままでにも研究者によって霊長類の生活史がいかに「遅い生活史」であるかを強調するため指摘されてきた。[7][46] しかし、図3-8の繁殖率の線の傾斜の違いはそうした研究とは結果が違うので、著者としては気掛かりと言わざるをえない。繁殖率は繁殖年齢に達したあとの、成体の繁殖率（一年に生むメスの子供の数）を測る要因だが、両対数図での線の傾斜は霊長類と他の哺乳類は変わらないはずなのにもかかわらず、ここでは傾斜が異なる結果になってしまっている。このような結果になる理由にはグレードの異なる生物を「他の哺乳類」という大きな分類に集めてしまったからだと考えられる。

実際に、コウモリ類とネズミ類を外し、肉食類と草食類だけで線を引くとすれば、線の傾斜は霊長類のそれと平行になる。これにみるように、データの構成によって計算の結果が異なることは統計解析につねに付きまとう問題だが、生活史アロメトリーの研究にはもう一つ重大な問題が残る。

明らかにアロメトリー式は自然の根本的な原理を何か反映しているに違いない。ところが残念なことに、アロメトリー式の大事な指数の値が生物学的にいかに決まるのかがよくわからない場合がほとんどなのである。たとえば、体重と標準代謝の関係を表す指数である〇・七五がなぜ〇・七五なのか、これは現在の生物学の理論では説明が難しい。

一時期、物体の容積と表面積の比率であらゆるアロメトリー関係が説明できると提案されたことがある。表面積は容積（すなわち重量）の三分の二乗の割合で増える。指数として書き直せば〇・六七になる。この論理を標準代謝に当てはめると体熱を発散する身体の表面積は体熱を生産する容積の〇・六七乗で増えると予測できる。脳と体重のアロメトリー関係も、脳に処理される信号の量が身体の表面積と対応するという仮定のもとに、同じ論理での説明が試みられた。ところが、データを計算してみると、標準代謝も脳の重量も、指数は〇・七五に近い数値になってしまうのだった。

最近では、動物の体内の構造からアロメトリー指数を説明しようとする研究が現れている。フラクタル理論によると、分岐をくり返しながら体内の隅々まで拡がる循環器官の総延長は、体積と指数〇・七五の関係にあるので、循環器系によって運ばれる栄養分などの量も同じ制限を受け、代謝と体重も指数〇・七五の関係にある、と提案されている[61]。

結果として、アロメトリー式の指数値の多くは一種の経験則であり、データさえ得られれば統計的に計算することは必ずできるとはいえ、その計算によって得られた数値はなかなか説明できないという奇異な状況にある[36]。しかし、この問題はアロメトリーの研究をあきらめる理由にはならない。それどころか、これから研究を志す学生諸君にとっては先人の残してくれた貴重な研究を更に推し進める絶好の機会として考えてもらいたい。

第四章◎サルとは違うヒトの生涯
——霊長類の成長

1　育ち盛りのモンベヤール君

科学の進歩はいろいろな人物の数奇な巡り合わせによって導かれた。一八世紀フランスの博物学の大家、ジョルジュ＝ルイ・ルクレール・ド・ビュフォンと彼の友人でもあり助手でもあったフィリップ・ジュノウ・ド・モンベヤール伯爵の出会いもその一つではなかったであろうか。

一七三九年にパリの王立植物園の園長を任されたビュフォンは、植物園の目録の作成にあきたらず、自然界すべての目録を手がけ、一七四九年から一七六七年にかけて『博物学』全十五巻を著した。彼は人間の成長や発達に関する様々な観測も行ない、その成果の多くは『博物学』に記載されている。

そしてビュフォンはモンベヤールを説得し、彼に近代西洋科学史上、画期的な研究を託した。

科学の進歩は、先人にはとうてい想像もできなかった新しい技術や思想から生み出されることもある。しかし、科学は私たちの日常の生活のなかに潜んでいるありふれた現象を見直し、辛抱強く丁寧に記録するだけで大きく進歩する場合もある。モンベヤールの研究は後者の例と言える。

モンベヤール伯爵は、息子の身長をその息子が生まれた時から大人になる一八歳まで丹念に記録したのである。

世界は広いし、子供の成長をこと細かく見守った親が古今東西のどこかにいたとしてもふしぎではない。モンベヤール伯爵の前に、たとえば中国やイスラム圏の知識人が、自分の子供の身長ぐらい記録していたのではないか、と疑うのだが、現在の教科書によると他に例はないらしい。図4-1をよくご覧になっていただきたい。世界で初めての、れっきとした通年データに基づく一人の人間の成長曲線である。

モンベヤール君がすくすくと育つ様子は実にほほえましい。と同時に成長の線にはかなり曲折が見られる。曲線の傾斜が急になるところはモンベヤール君が速く成長している年齢にあたり、曲線がなだらかな年齢では彼はゆっくり成長していた時期にあたる。一八歳になったモンベヤール君の成長はほぼ完了し、彼の身長は一八〇センチ以上に達したことが図から読み取れる。

実はモンベヤール君の成長線上に見られる曲折は、彼だけにしかない偶然個有の成長の振れではない。彼の成長はヒトに特有の成長の様子を多く表していた。後世の研究者は成長の曲折をより詳細に

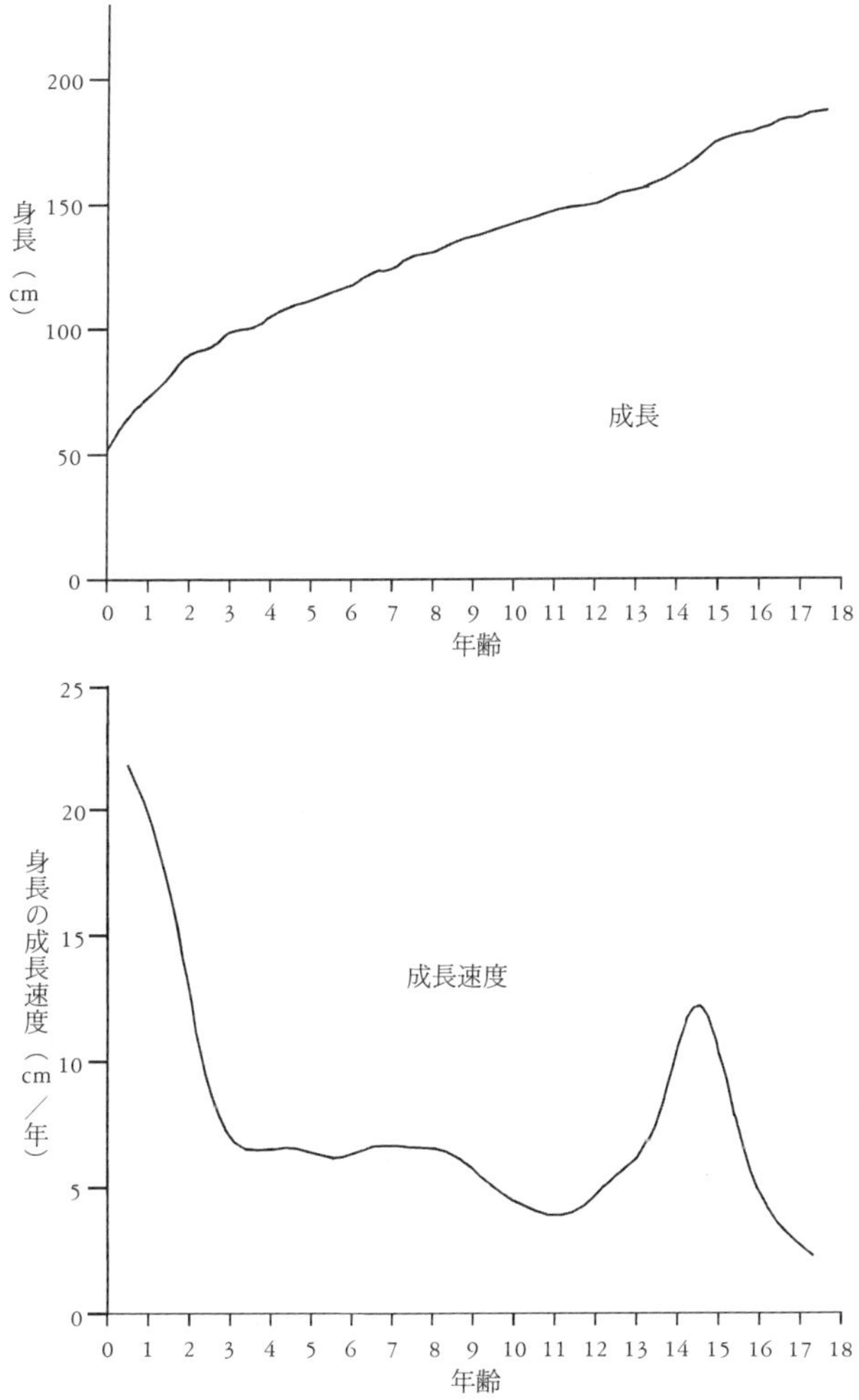

図4-1　モンベヤール君の成長曲線と成長速度曲線
出典：文献4

分析するために、モンベヤール君の身長データで「成長速度曲線」という図の描き方を考案した。モンベヤール君の成長速度曲線も図４-１に付け加えた。

乳幼児のモンベヤール君は一年で二二センチもの速さで成長を遂げていたが、三歳までには成長の勢いはかなりおとろえ、一一歳には一年に三センチ程度まで落ち込んでいた。ところが、一二歳から彼は急に成長のスピードを速め、一四歳には一年に一二センチも身長を延ばしていた。これは第二次性徴期、つまりモンベヤール君にとっての思春期である。その後、再び彼の成長のスピードはおとろえ、一八歳には成長がほぼ止まった。かくしてモンベヤール君も立派な大人になったのである。

モンベヤール伯爵による息子の記録は、当時のヨーロッパの知識人に培われた、現象を忠実に観測することによって真実を求める、啓蒙思想と百科全書派の精神に基づいて実行された。モンベヤール君の成長曲線は思春期の急成長を始め、季節による成長速度の変化、日中における身長の収縮など、ヒトの成長に関するあらゆる現象の実証に役立つことになったのである。

2　霊長類の成長曲線

モンベヤール君の成長曲線がいかにヒトの生活史の特徴を表しているかの説明こそ、本章の本題に迫ることになる。成長というものの進化の研究は二つの方法によって進められてきた。一つは、モンベヤール君の成長曲線のように、身長や体重など、連続した数値で記録できる身体の特徴をあらゆる生物の種で調べ、それらの年齢にともなう変化の分析と、進化の説明とに基づいた研究である。もう一方の方法では「子供期」や「青年期」のように、成長の過程をいくつかの段階に分け、生物の各種において、各段階の存在や長さや役割について論じる研究である。

もちろん、いずれの方法も相互に密接なかかわりがあるので、どちらから紹介を始めてもよいのだが、育ち盛りのモンベヤール君から本章を始めたので、まずはヒトとその他の霊長類と哺乳類の成長曲線の比較から解説させていただきたい。

ご自分の思春期の急成長を思い出せる読者も多いのではないか。これは専門家の間では思春期スパートと呼ばれ、ヒトの生活史に特有な現象で、人類の進化と密接なかかわりがある、とする学説がある。

この説によると、ヒトは脳の発達に時間とエネルギーを要するうえに、生活の術や、人として生きていくための言語や社会性、文化の全てを習得しなければならないので、子供の期間が極端に長くなるように進化したという。子供の間には体の成長を遅らせているが、思春期に達すると遅れを取り戻そうとするかのように一気に成長する、思春期の成長スパートが進化した、と論じられてきた。

この学説が提唱された当初は研究が緒に就いたばかりで、研究者は数種の哺乳動物とヒトを比較しただけであった。そのため思春期スパートは明らかにヒト特有の現象であると思われていた。たとえ

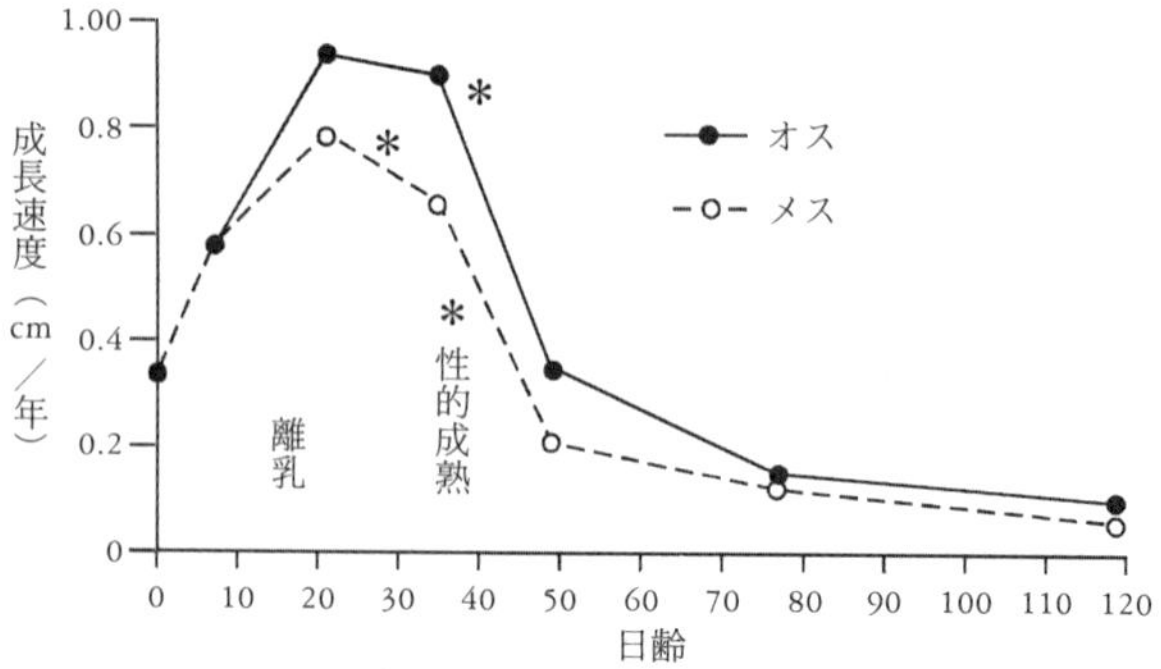

図 4-2　ネズミの成長速度曲線
出典：文献 4

ば、ネズミには生後に一度だけ緩やかな成長速度のピークが存在するが、二回目の成長速度のピークは存在しない（図４－２）。

概念的にヒトと一般的な哺乳動物の違いを図４－３で説明しよう。すべての哺乳動物は誕生の前後に成長速度のピークを一つ経験する。多くの哺乳動物はそのまま思春期を迎えてから成体となる。ヒトは最初の成長ピークの後も発達を続ける。しばらく成長の勢いは穏やかに続くが、思春期にさしかかると成長の速度は急に速まり、第二の成長ピークを経験する。この二回目の成長ピークが思春期スパートであり、これがヒト以外の霊長類にも存在するかが議論の争点である。

霊長類のデータで成長曲線の比較研究が可能になったのは実はごく最近のことである。なかでも霊長類学者は一所懸命にあらゆるサルの成長データを集積し、ヒトを含めたサルの成長曲線の比較を試みている。

データさえ集まればすぐにでも解決できる課題のようだ

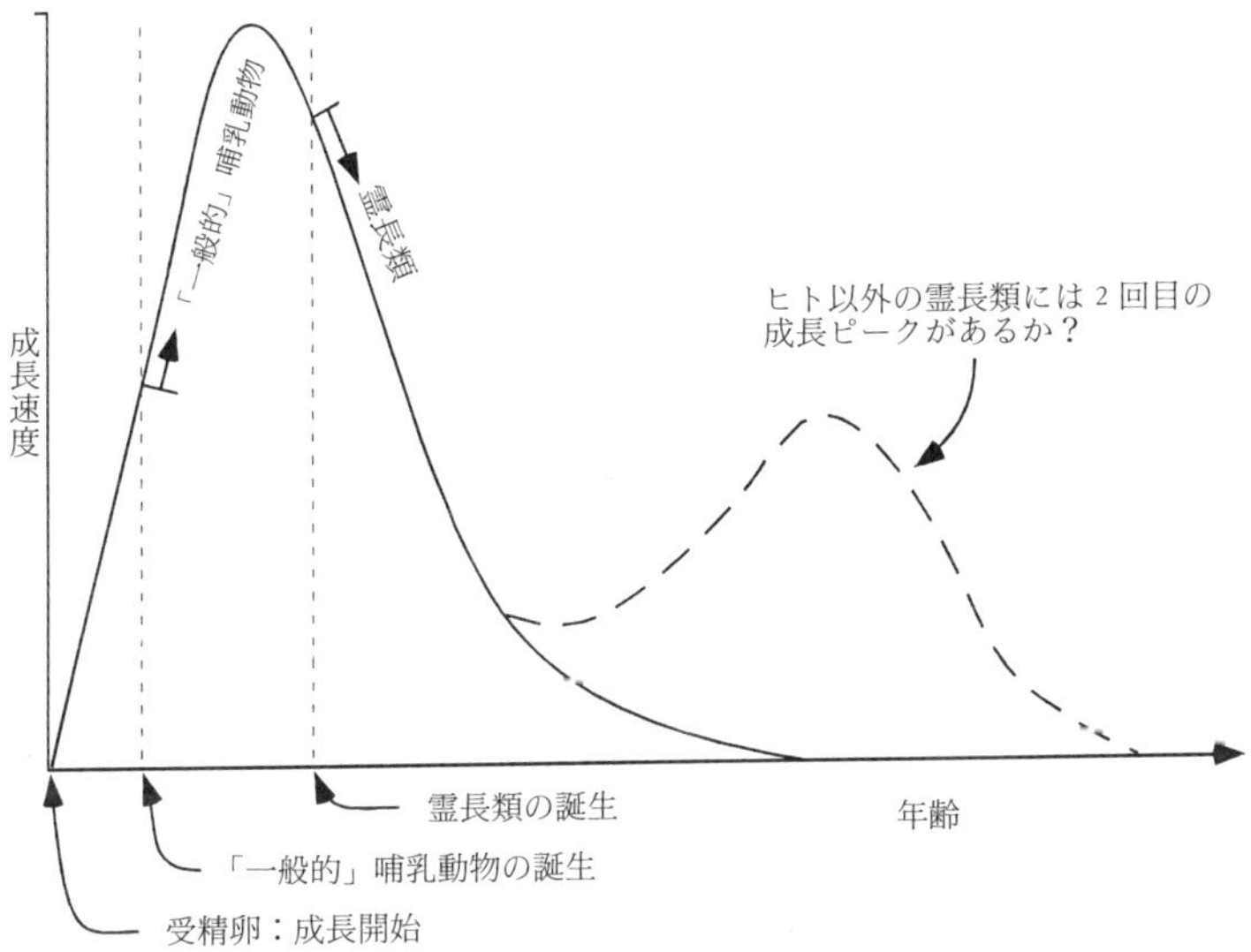

図 4-3　誕生後から観察できる「一般的」哺乳動物と霊長類の成長速度曲線の概念図

が、思春期スパートがヒト以外のサルに存在するのかがなかなかはっきりしないのが実情である。その理由の一つには、当初の学説では予測されていなかった新しい現象が研究によって発見されてしまうことなどがある。成長曲線一つをとっても自然の複雑さと面白さが伺える。

そもそも、多くの霊長類の成長曲線が一般的な哺乳動物と異なる点は、成長速度のピークが複数存在することにある。

霊長類の成長の研究の結果、霊長類の成長曲線はかなり凸凹していることがわかってきた。すなわち、各種の霊長類に特有な曲折があるので、複数の種の成長曲線を並べて比較したところで、一方の種の曲線の凹みが他種の凹凸に単純には当てはまらないという難しい状況が判明しつつある。どのピークが哺乳類に共通のピークなのか、どのピークが各種に特有なのか、そして、どのようなピークが思春期スパートなのか、研究者はさかんに議論してきた。

さらに難しいことに、オスとメスとで成長曲線が異なる種が多いことも判明してきた。これは性的二形という現象の一つの現れと考えられる。多くの生物ではオスとメスは形が多少とも異なる。霊長類も同じで、毛皮の模様や身体の大きさがオスとメスとで異なる種が多い。ヒトの場合、総じて男性は女性より身長が約四〜一〇パーセント高いことが知られている[17]。

形がオスとメスとで異なるとすると、当然ながら成長曲線も異なる。性差が極端な種では一方の性の成長曲線にははっきりとある凹凸が、もう一方の性には全くないことすらある。

まずは、種あるいは性別によって異なる曲線の存在を念頭において、霊長類の成長曲線をめぐる学界の議論を見てみよう。

S・リーらは霊長類の成長曲線を分析し、思春期スパートはヒト特有の現象ではない、と結論づけている。リーらは世界中の研究からサルの体重のデータを精力的に集めた。彼らの描いた図を見ると（図4-4）、確かに多くの霊長類の種では成長速度にピークが存在する[29][30][31][32][33]。

ところが、これで一件落着、とは言いにくい。曲線のピークの高さや幅は種によってみな異なる。ピークがまったく無い種も存在する。ピークのない種は体の小さい原猿類や新世界ザルに見られるが、これらの種の成長曲線は一般的な哺乳類のそれに似ているといえる。多くの霊長類は生まれた時に最

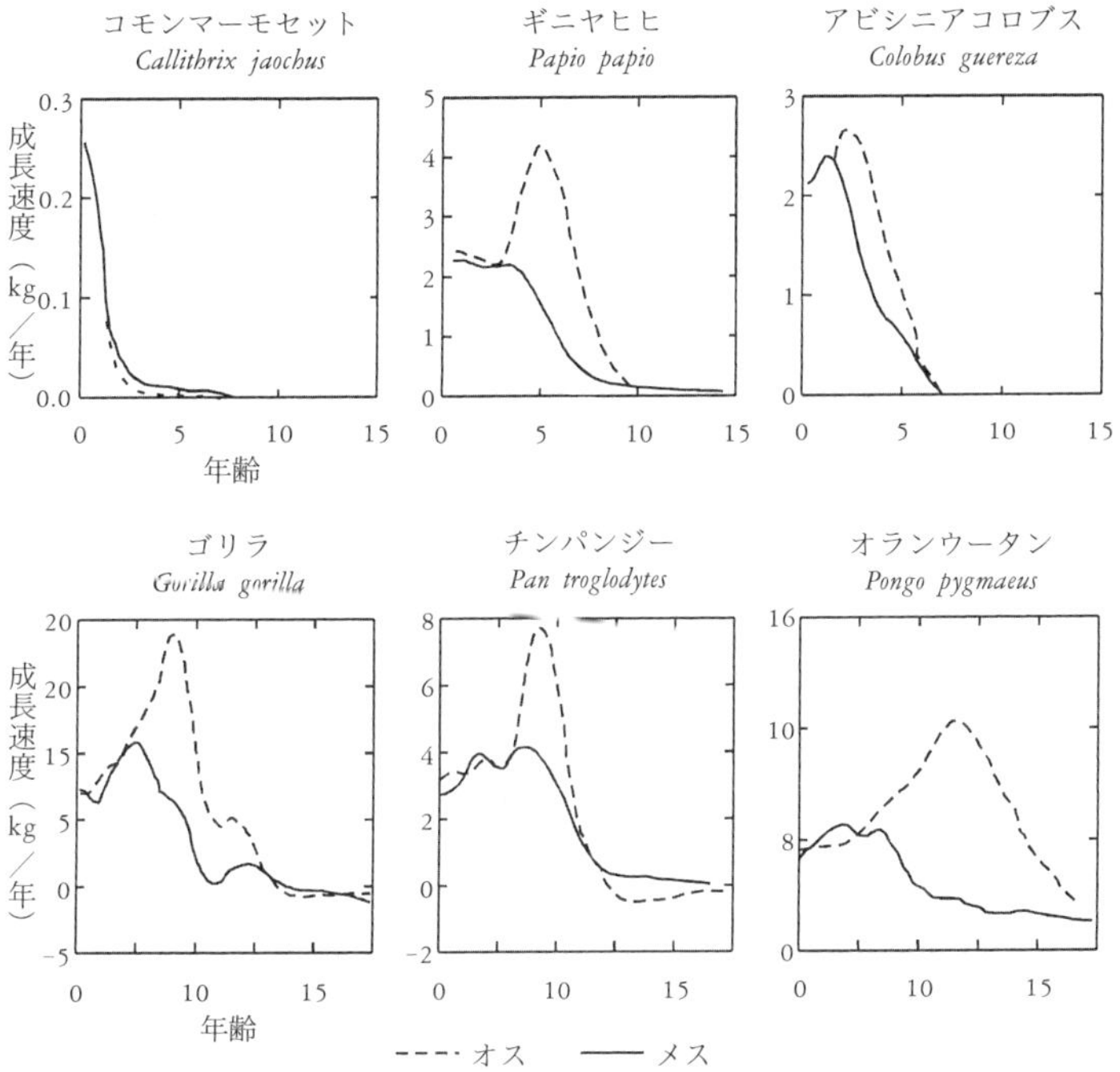

図 4-4　霊長類 6 種の体重による成長曲線
出典：文献 29 および文献 4

も成長速度が速いが、すぐに減速してしまう。この理由は霊長類の赤ちゃんは生まれる前にすでに成長速度のピークを一回は経験しているかららしい。

明確な性的二形を表す成長曲線をもつサルの種に、アフリカのヒヒがある。ヒヒのオスは非常に高い成長速度のピークを示す。ヒヒもヒトと同じように誕生前に最初の成長のピークを経験するので、ヒヒの生涯には二度目のピークがあることに間違いないであろう。そして、ピークはだいたい五歳で起こるのでこれをオスヒヒの思春期スパートと呼んでも差し支えないかもしれない。ところが、ヒヒのメスの成長速度にはほとんどピークが見られない。

では、ヒトに最も近い類人猿の成長の形はどのようなものなのか、ここにゴリラとチンパンジー二種の成長速度曲線を掲載した。

ゴリラとチンパンジーは双方とも性差がかなり大きいので、オスとメスの成長速度曲線の高さにはかなり隔たりがある。しかし、ゴリラとチンパンジーの成長速度の曲線には明らかにオスとメス双方にピークが存在する。ヒトに最も近縁のチンパンジーとゴリラに成長速度のピークが存在するとしたら、もはやヒトの成長曲線も特異ではない、とここから結論づけるしかないように思えるが、科学的な議論はそう簡単に決着がつくものではない。

もともとヒトの成長の特異性を強調してきたB・ボーギンは最近の霊長類に関する成長の研究に反論を加えている。(3)(4)(5)(6)

まず、ボーギンはヒト以外の霊長類では思春期スパートはメスには存在しないか、オスと比べて極端に小さい種が多い事実に注目する。ヒトの場合、思春期スパートは健康な男女共に確実に発生する現象である。すなわち、ヒトにとって思春期スパートは男の子にも女の子にとっても、ヒトとして成長するために絶対に必要な根本的な発育の過程である、とボーギンは主張する。

次に、体重ではなく、身長の成長にこそヒトの特徴が現れる、とボーギンは力説する。確かに、霊長類では体重の成長速度曲線にピークがよく観察される点はボーギンも認めざるを得ない。しかし、ボーギンは体重はあらゆる理由で減ったり増えたりするものなので、根本的な成長の変化を測る尺度としては解釈が難しく、意味がない、と指摘している。モンベヤール君の成長曲線をもう一度見ればすぐにわかることに、彼の身長の伸びが思春期における曲線のピークを成している点がある。ボーギンは霊長類の身長の成長のデータを調べた結果、彼らの身長の思春期に対応する成長速度のピークは存在しないか、あるいはヒトに比べて極めて小さい、と強調する。

さらに、たとえ思春期を同じように経験するとしても、ヒトとヒト以外の霊長類種では身体の反応には大きな違いが見られる、という研究結果をボーギンは引用する。たとえば、ヒトとチンパンジーは思春期の開始をうながす性ホルモンの分泌とともに成長に勢いがつく。ところが、思春期のヒトとチンパンジーの性ホルモンの血中濃度はだいたい同じであるにもかかわらず、成長速度は著しく異なる。たとえば思春期における男性ホルモン（テストステロン）の血中濃度はチンパンジーが約四〇〇ナノグラム（一〇億分の一グラム）／デシリットルに対してヒトは約三四〇ナノグラム／デシリットル、と大差はないが、チンパンジーの身長の伸びはわずかで、ヒトの場合は、ご存知のとおり、急速に身長が伸びる。[4] ボーギンは日本人のデータを引用し、座高の伸びを年率で男子は最高七・五センチメートル／年、女子は最高六・二センチメートル／年、と報告する。

ボーギンの指摘に対して、身長にも成長速度のピークがヒト以外の種にも存在するかもしれない、と考える霊長類学者は次代の研究にまい進している。サルの身長のデータを集めるのは意外と難しい。「身長を測るのでしばらくじっとしてくれ」といわれても、じっとしてくれるサルはいない。研究者は新たな研究の手法を考案し、苦労を重ねて真実を探求している。

浜田譲らはニホンザルとチンパンジーの身長の成長に関する非常に厳密な研究を最近、発表している。

彼らは京都大学の霊長類研究所で飼育されているニホンザル一〇頭（オス五頭、メス五頭）がちょうど思春期にさしかかる約三歳から六歳の期間の身長を測った[12]。結論から言えば、ニホンザルはオスもメスも思春期に身長の成長にピークが存在する、ということだが、この結論の意義は研究の方法にあるので、少し説明しよう。まず、対象のサルを麻酔で寝かせて正確に身長を測った。次に、二週間毎という霊長類の成長の研究としては珍しく短い間隔でデータを取得した。そして、同じ個体を継続して測定したので、モンベヤール君と同じ、しっかりとした通年データである。

さらに、浜田らはデータの解析のうえでも、厳密な方法で成長速度ピークの有無を調べた。その方法は図4-5に表したが、各個体のデータをX軸上では年齢ではなく、成長速度ピークで合わせている。英語の略でこれをＰＨＶ（peak height velocity）点と呼ぶ。個体の通年データを得ることによってはじめて可能になり、もし成長速度にピークが存在するとしたら、明瞭にその形が判明する解析方法である。

成長ピークの解析ではデータを年齢で整理すると、大きな間違いをおかしかねない。その理由は成長速度のピークにあたる年齢が個体によって少しづつ異なるからである（図4-5）。

中学校の青少年の成長を考えればおわかりになるであろう。中学生は急成長の前の子もいれば急成

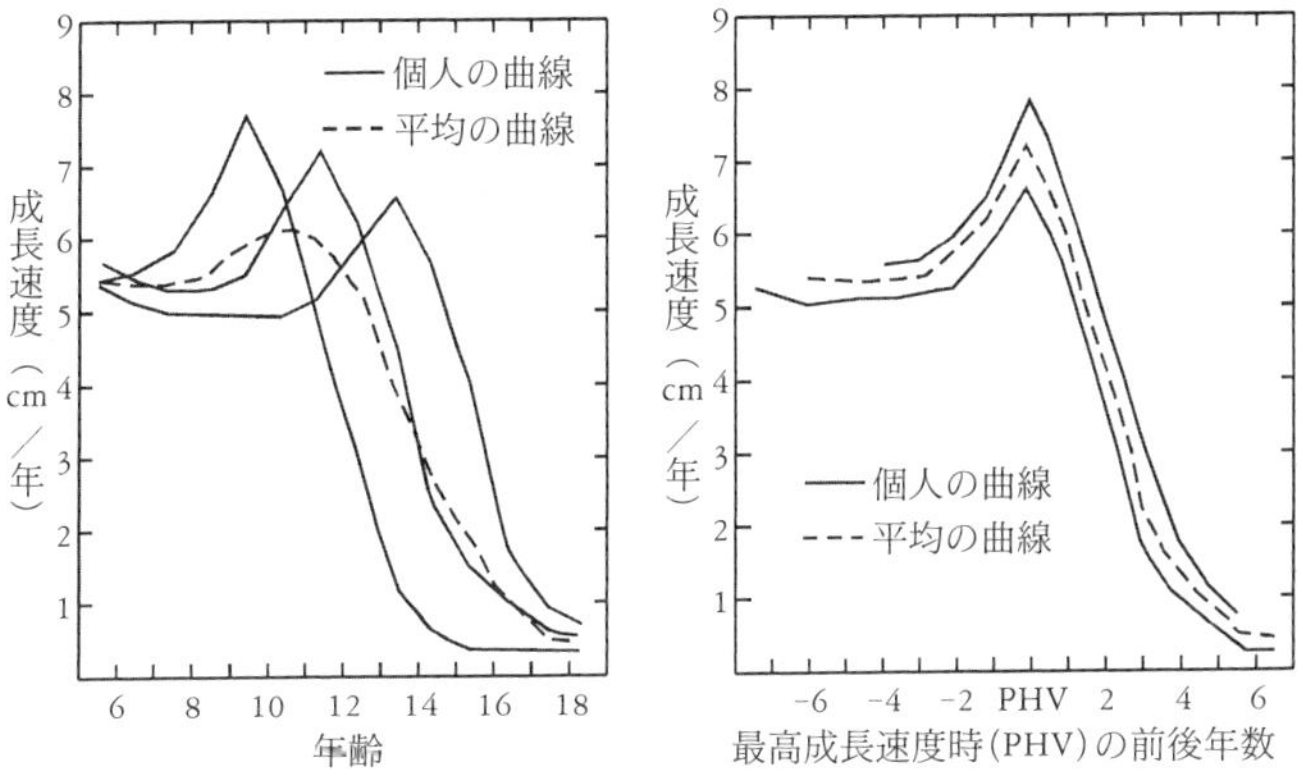

図4-5　成長速度曲線の個体差：年齢または最高成長速度時（PHV）で曲線を合せた場合で異なる平均曲線
出典：文献4

長のただなかの子も、すでに終えてしまった子もいるかもしれない。また、女子のＰＨＶは男子より約二年速い。中学校の一年生・二年生・三年生の各学年の平均身長から日本人の成長ピークを観測しようとしても、個人差のためにピークの正確な年齢と高さがぼやけてしまう。そこで、成長ピークの形を分析のためには成長速度図を改造して、成長速度曲線をＰＨＶで合わせてしまおうというのである。

浜田らの作成した図４‐６には一〇頭のニホンザルがそれぞれ独自の成長速度の軌跡を経験した様子が見える。しかし、ＰＨＶで合わせたおかげで、平均の曲線にははっきりとしたピークが表れる。

もう一つ、分析が厳密なおかげで、大自然の新たな事実が私たちに明らかにされた。ニホンザル独自の特徴がこの図から読み取れるのである。成長速度の曲線には三つのピークがあるではないか。これは、温帯気候の日本に生息するニホンザルの成長が冬に

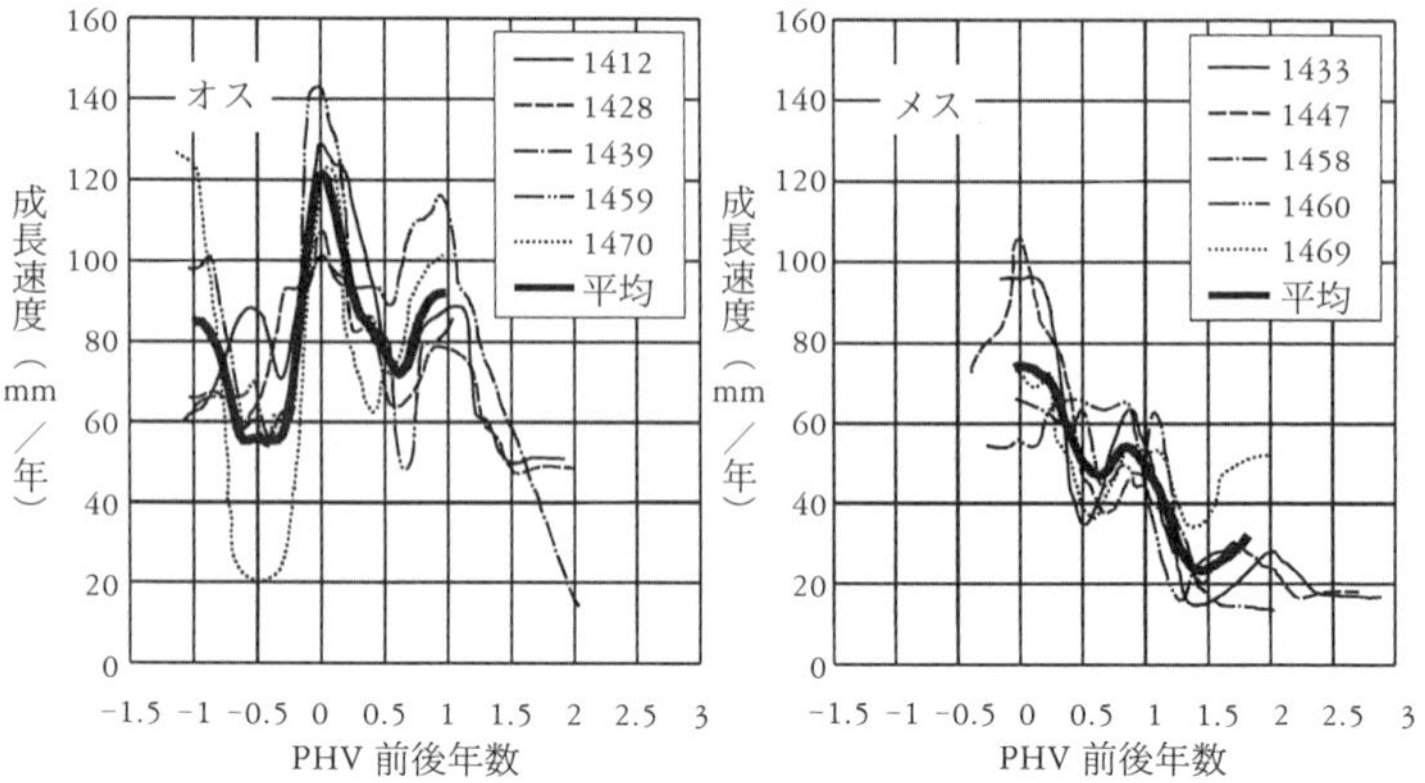

図 4-6　ニホンザルのオスとメス 5 頭の PHV 前後における成長
出典：文献 12

はゆるやかになるという、成長の季節性が存在することを浜田らがデータの裏づけにより発見したのである。やはり、共通性と独自性を合わせ持つという生物の種の神秘がニホンザルの成長速度のデータからもうかがえるということであろう。

さて、ヒトに近いチンパンジーの身長には思春期スパートは存在するのか。浜田らはチンパンジーについても詳細な研究を発表している。[13] 彼らは日本に飼育されているチンパンジーのオス五頭とメス七頭の成長を調べた。しかし、彼らの結論から言うと、ヒトと同じような身長の思春期スパートは確認できなかった（図 4－7）。ただし、チンパンジーの成長速度に変動があることはわかった。チンパンジーの成長速度曲線には二つの段階があるようである。成長速度は誕生後の急成長から低下するが、そのまま成長はストンと止まってしまうことはない。思春期にかかる一定の時期に、安定した成長速度を継続していることを確認でき

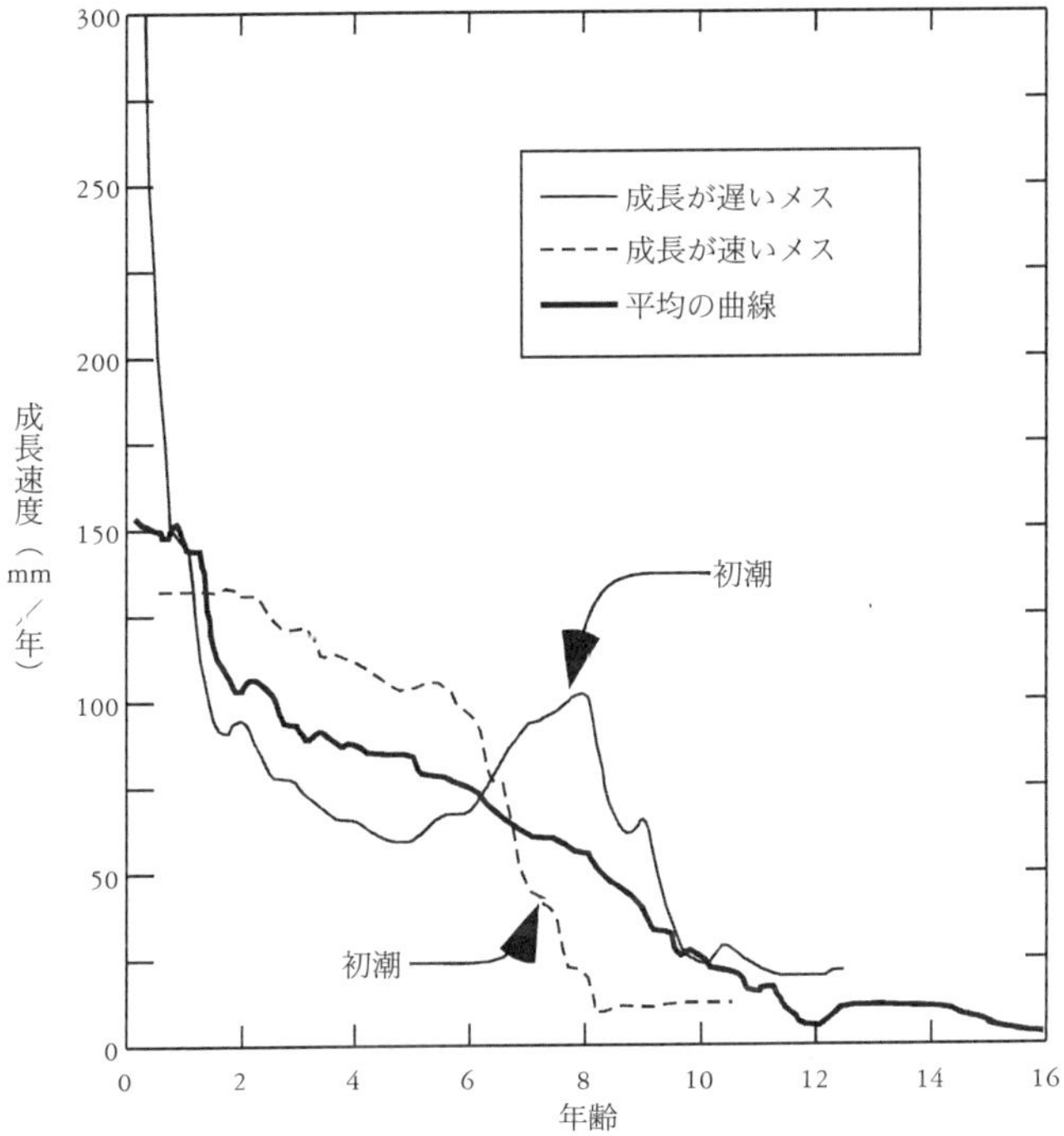

図4-7　チンパンジー（メス）の成長曲線に見られる個体異変
出典：文献13

る。すなわち、チンパンジーの種の特徴として成長速度を、もう一度、思春期に大きく加速させることはなかったものの、安定成長を保証する能力は身につけている。

　ここに、種の特徴として、という難しい言い方をするには理由がある。それは、調査されていた個体によっては、あたかもヒトの思春期スパートのような成長速度の加速が見られたからである。浜田らの詳細なデータ解析により、成長にかかわる興味深い現象がチンパンジーに確認された（図4-7）。ヒトにも観察されるその現象は、生涯の一時期に何らかのストレスによって成長が遅れてしまう場合、後に成長が加速する「追いつき成長（catch-up growth）」を調査中のチンパンジーが経験していたようであった。そして、追いつき成長のおかげで、この個体はちょうど思春期に成長がスパートしたのであった。

一言、解釈を加えてみよう。ヒトとチンパンジーはともに思春期に安定成長を保証する潜在的な能力をもつ。ヒトとチンパンジーの違いは、環境の良し悪しに対する身体の反応の違いにある、といえるのではないであろうか。ヒトは、栄養条件などが極端に悪い場合は成長スパートを抑制するという報告がある。ヒトは環境が良いときにこそ成長スパートを見せる。チンパンジーは環境が悪い場合には思春期に成長をスパートさせて、安定成長を達成しようとする。ここで、考えざるを得ない疑問が一つある。野生のチンパンジーである。飼育されているチンパンジーに比べて野生チンパンジーは栄養状態などがやや悪い可能性がある。ひょっとして、野生のチンパンジーならば思春期スパートをより多くの個体が経験しているかもしれない。現時点ではデータはないので、この疑問に対する答えは浜田らの今後の研究にゆだねるしかない。

3　成長の中身

ヒト以外の霊長類における成長速度について、ボーギンは一歩譲らざるを得なかった。ボーギンは多くの霊長類において体重と身長の成長速度は生涯を通して変化しうる、と認めるようになった。しかし、ボーギンはもう一つの論拠でヒトの成長曲線の特異性を主張し続けている。[3][4][5][6] そして、彼はヒトの生活史に関する議論を振り出しに戻そうと努力している。

そもそも人類の進化を論じる研究者は、ヒトとサルの成長曲線の凸凹が量的に少し低いとか高いとか、細かい差異をいちいち考察しようというのではない。ボーギンは、ヒトとサルの成長は、その中身が違うのだと言いたいのである。人類は進化の途上で他の霊長類にはないまったく新しい生活の術を身につけ、その能力を発揮できるような発生と発達の過程を経て、やっとヒトとして成熟していくのだ、という理論をボーギンは展開し続けようとしているのである。

ヒトとサルの成長は中身が違うのだという主張には、成長にはいくつかの段階が存在し、それぞれの段階が進化の途上で長くなったり短くなったりしたという考え方に加え、ヒトには他の霊長類にはない段階が進化の途上で生活史に挿入されたのではないか、という論旨が展開されている。

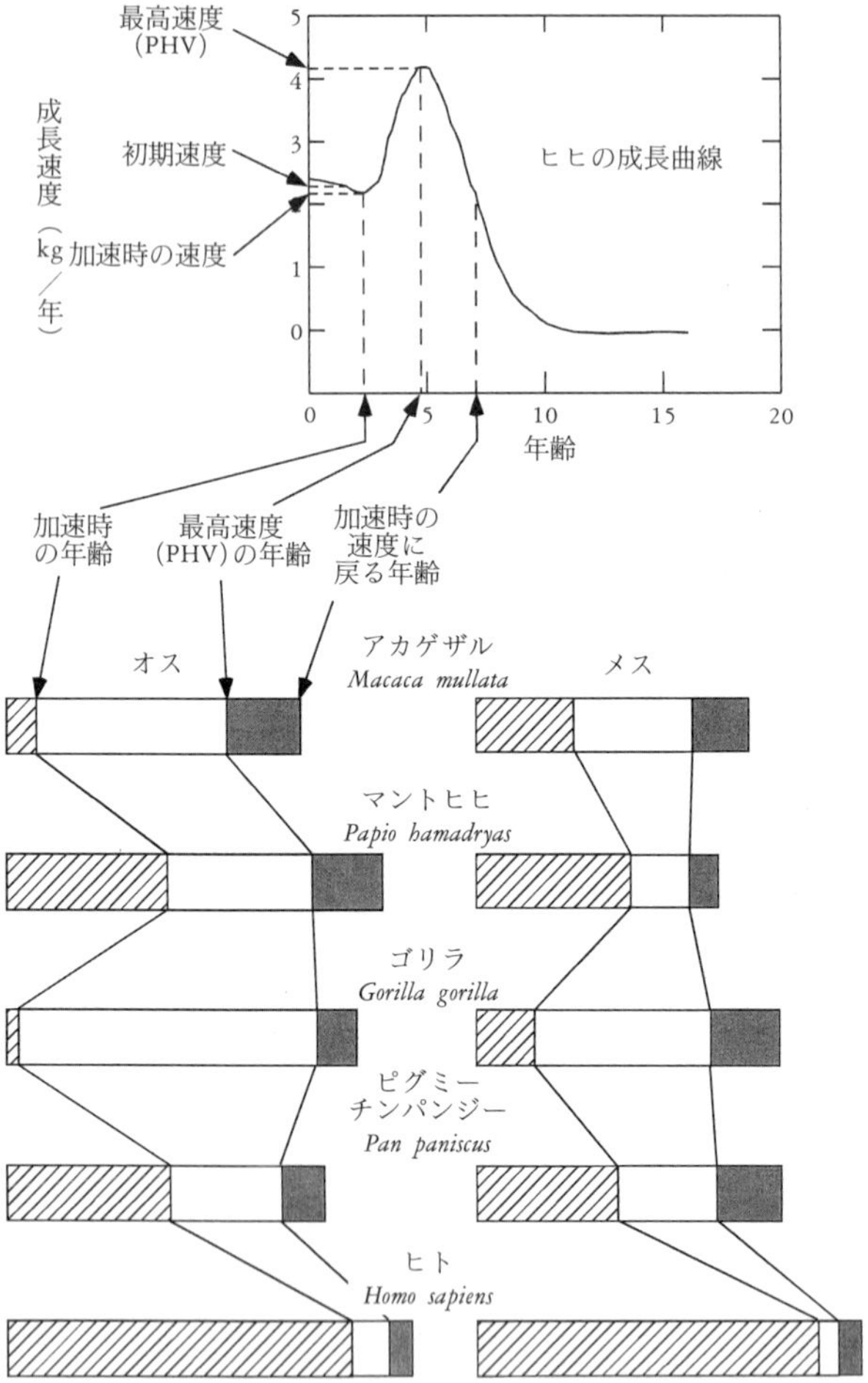

図 4-8　成長曲線により定義した成長段階
出典：文献 30

成長曲線を量的に分析する研究者も、成長の段階が霊長類の進化の途上で伸び縮みする現象を詳細に分析している。S・リーは体重の成長曲線の形状をもとに霊長類の成長曲線を三つの段階に区分し、各段階の割合を種毎に表す図を紹介している[30](図4-8)。リーらのデータからよく見えてくることは、霊長類の体重の成長には山あり谷ありで、成長速度にはかなりの変異が存在している。ところが、成長段階は各種によって形がかなり異なっている。そして、ヒトは他の霊長類と比較して、成長が加速

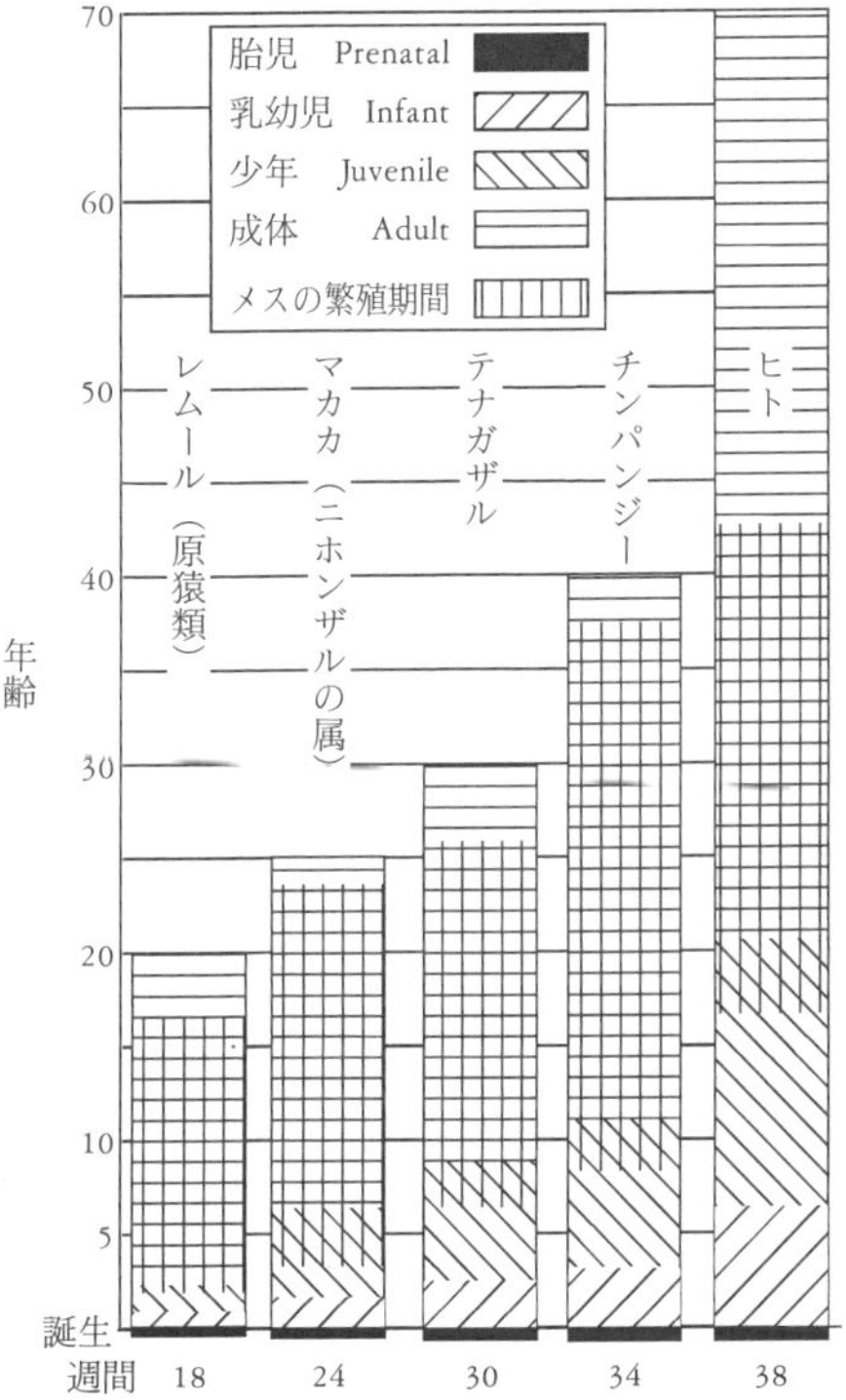

図4-9 A. シュルツによる霊長類の成長段階
出典:文献4

する前の段階が極端に長く、成長期の山はかなり先鋭なことが見受けられる。

リーらの解析方法は成長の段階を曲線から数量的にかつ客観的に定義している。しかし、人類学者に言わせれば、リーの方法はあくまで形状の研究であって、成長の中身の研究ではない。成長の中身を研究するには、成長として意味のある段階を定義しなければならない、と考えられる。

成長の段階を種間で比較する研究も歴史が長い。その古典的な構図を霊長類の発育の比較研究の父といえるアドルフ・シュルツが提案した。教科書によく登場する、シュルツの考え方を要約する図をここに表した(図4-9)。シュルツは霊長類の生涯を「乳幼児」や「青年期」など、五段階に分けた。この図からシュルツはヒトは成体になる前の発達の諸段階が他の霊長類に比べて極端に長いこと、そして、繁殖期間が過ぎた後にもヒトは長生きすることを指摘した。

シュルツの図ではヒトとその他の種は同じ成長段階を経て成長するという特徴がある。しかし、ボーギンは成長の過程に新たな段階が挿入されたためにヒトの成長期間が他種より長くなるように進化した、と提案している。その新たな段階とは、ほかならぬ「子供期」と「青年期」である。ボーギンは、「子供期」と「青年期」は他の霊長類の種の生涯には存在しない、と主張している。

(一)サルには子供期がない!

子供のサルは存在しないと聞くと読者の多くは驚くに違いない。子ザルというものが存在するでは

表 4-1　動物学と人類学でよく使われる成長段階

成長段階を別ける発達の過程	成長が早い動物	哺乳動物の多く	霊長類学者がよく使う年齢区分	ヒトの成長段階	この本で使う訳語
	Infant	Infant	Infant	Infant	乳幼児期
離乳 (weaning)					
				Child	子供期
自力で食べたり移動できる（永久歯萌出）					
		Juvenile	Juvenile	Juvenile	少年期
思春期 (puberty) 性的成熟					
			Young	Adolescent	青年期
成長が終わる					
	Adult	Adult	Adult	Adult	大人期
			Old	Elder	老年期

ないか。いったい、どんな意味でサルには子供期がないと言えるのか。

まず、言葉の定義から説明を始めよう。この本では今まで「子供」をあえて定義しないで普段使いの日本語の言葉として使ってきた。生活史理論の枠のなかで、未成熟な段階とはどのようなものなのか、ここでもう一度考えなくてはならない。実は未成熟と呼ばれる期間は三つに分けて考える必要がありそうなのである。まず生活史の研究者が頻繁に使う子供を意味する英語の単語を三つ紹介し、以降、この章で使う日本語訳を提案しよう。まずは、インファント（infant）に対応する「乳幼児期」。次に、チャイルド（child）に対応する、しぐさもいたいけな様子の「子供期」。そして、英語のジュヴナイル（juvenile）に対応する、少し大きくなって身体も行動もしっかりしてきた子供をさしていう「少年期」。

「乳幼児期」は、もちろんヒトも含めて、すべての哺乳動物に存在する（表4-1）。ここでいう「子供期」と「少年期」が哺乳動物および霊長類の成長においてどのような役割を果たすかが

写真 4-1　筆者のフィールドノートと遊ぶヤクシマザルの乳幼児

重要な課題となっている。そして、ボーギンは「子供期」こそがヒト特有の成長の段階であると提案しているのである。

少年期に関しては事情はかなり異なる。動物学では少年期がヒトはおろか霊長類に特有な成長段階とは考えられていない。むしろ少年期は哺乳動物の成長の段階として多くの種に認められている。動物学の定義と用語として、「乳幼児」は母親からの離乳とともに「少年期」を迎え、性的に成熟して繁殖できるようになると少年期から「大人期」の段階に進む。少年期の個体は自分で移動して、採食できる。しかし、まだ体の成長は続いている。

ただし、少年期もすべての哺乳類に存在するわけではない。一般的な哺乳類では離乳から繁殖までの期間が短いので、少年期は認められていない。このような種では生活は幼児期から成体へとすぐに移行するとされている。ネズミのメスは離乳後わずか数日で交尾ができるようになり、オスは二週間もたてば精子をつくり始める。少年期の有無や長さは種の体の大きさだけでは説明しにくい。牛でも、離乳後ほんの数ヶ月ですでに繁殖できる。

少年期が存在する哺乳動物は社会性の高い種に限られていると生物行動学では考えられている。社会性の高い哺乳動物の多くは離乳してからも繁殖を後回しにし、身体の成長速度も緩やかになる少年期という期間が進化した。こうした動物には社会性の捕食動物（オオカミ、ライオン、ハイエナ）、鯨類（イルカ、クジラ）、ゾウ、そして霊長類を含むとされている。

少年期が進化した理由は二つ提案されている。一つは「学習期間説」と名づけよう。この説は、哺乳動物は生存のために学習と知能に頼る部分が大きいという点に注目する。学習と知能は何のためなのか。食べ物を探す、食べ方を習得する、環境変動に適応するなどのため。あるいは社会行動と採食が複雑であり、また予測しにくい環境変動に各個体が適応するため。

少年期の学習期間説は、社会性がどれほど哺乳動物の学習や知能への依存に拍車をかけたかを強調する。たとえば、社会行動それ自体が複雑であり、若い個体が集団生活の作法を習うのには時間がかかる。採食行動は集団で採食する種は仲間同志で食べ物のありかを伝えたり、教わったりする。繁殖行動も社会行動がともなう。上手に繁殖するためにも少年期に異性と付き合う術を学び、大人になる準備をしなければならない。

もう一つの説は「競争回避説」と言える。育ち盛りの子供は大人と直接争ったとしても負けてしまう。経験豊かな大人と食べ物や繁殖相手の奪い合いには勝てるはずもなく、争っても怪我するだけである。よって、成長期間を延ばして、大人との競争を回避しながら、上手に大人になる、という説である。そして、霊長類を含めて、成長曲線の緩やかな成長の期間は少年期の存在によって説明されている。

さて、哺乳動物に少年期があるのなら、なぜ子供期が認められないのか。問題は、子供期を前段階の乳幼児期と後の少年期といかに区別して定義するかであるが、ボーギンは霊長類の生態に関する膨大な情報を収集し、以下の議論を展開する。(4)(5)(6)

子供期はやはり幼児の離乳とともに開始すると定義できる。子供が少年と違うのは、子供は一人で生きていく能力がない点にある。子供は親、あるいは保護者が死ねば自分も一緒にすぐに死んでしまう。子供期のヒトは自然界には珍しい、人類学者の多くの主張によれば自然界には他に例がない、極めて幼い存在であるといえる。

まず、子供期のヒトは自分の力で大人と一緒に移動はできない。やっと自分で歩けるようになったとしても、子供の足取りは遅く、効率も悪く、ぎこちなさが目立つ。大人について長距離を移動することは無理であろう。また、子供は離乳したとはいえ、自分で食べ物を口に運ぶことすらままならない。離乳食は親が子供の口に運んであげながら食べさせてあげなければならない。

ヒトの子供とは対照的に、たとえば、少年期のニホンザルはもはや母親に運んでもらうことはなく、自分の手足で森の枝枝の間を跳ね回り、群れと一緒に移動できる。自分の手でもいだ果実を口に入れ、

写真 4-2　少年期の個体をグルーミングするヤクシマザルの大人メス（左）のとなりに休む若メスとその乳幼児（右）

親と同じ食べ物を噛んで、飲み込んで消化できる。天敵が現れれば自分で逃げられる。親から離れていても、いや、たとえ親が死んだとしても少年期のサルは自分の力で生き延びられる。

ヒトの子供はそうはいかない。離乳によって独立した存在にはなれない。他の霊長類と成長の目安を比較すると、少年期の特徴をまだ持つにいたらない、生物としては中途半端な段階を経なければならない。

離乳の過程は固形の食べ物を口にする時点で始まる。ヒトの子は固形食を食べさせてもらう時期は哺乳類の目安に近い。哺乳類は誕生体重のだいたい二・一倍の体重に達した時期にあたる。ただし、哺乳類の幼児が離乳を完了させる体重は誕生時の三・二倍から四・九倍に達した範囲に入る。ヒト以外の霊長類の場合、離乳時の体重は誕生時の平均して四・六倍にあたり、ヒトに最も近縁のチンパンジーは誕生体重の四・九倍、ピグミーチンパンジーは六・一倍で幼児は離乳を迎える。

ヒトの子供は離乳時には約九キログラムに成長している。これは、誕生体重との体重比は約二・七倍にあたり、チンパンジーよりかなり速く、霊長類としては最小の体重比に近い。実際の時期は食べ物が豊富な社会では九ヶ月ですでに離乳を迎えることも可能だが、伝統的な生業を営む社会では子供たちは三六ヶ月目で離乳を完了させる例も報告されている。

離乳を迎え、固形の食べ物を口にするようになりながら、子供はまだ大人と同じ食べ物は食べられない。まず、子供は消化器官も未熟なので、大人と同じ食べ物から十分に栄養を摂取できない。子供にとって大人の食べ物は栄養分の濃度が低すぎる。子供の離乳食は栄養価が非常に高くなければならず、特別な離乳食を用意しない社会では特に飢餓が無くても、子供だけが栄養失調になりかねないという調査の結果さえある。

さらに、子供は歯がまだ未熟である。ヒトの子は離乳時では大人の歯がまだ生えてきていない。乳歯は歯根は浅く、表面のエナメル質も薄いので、大人と同じ食べ物を噛んでも、その衝撃に耐えられない。他の霊長類は永久歯の第一大臼歯の発生する後に離乳を迎えている。ヒトの子はまだ乳歯の段階で離乳させられてしまっているのである。

この点は他の文献で確かめようと思い、手元にある資料を探してみた。チンパンジーは四歳まではお母さんのお乳に接しているらしく、野生のチンパンジーに関するある報告では最も離乳までがながかった個体が四歳一一ヶ月までかかったオスであった[16]。しかし、チンパンジーは最初の永久歯として第一大臼歯が生えてくる年齢はオスで三・三八歳、メスで三・二七歳でありながら、ヒトの場合はそれぞれが六・三〇歳と六・一八歳と報告されている[51]。よって、ヒトの子はたとえ三歳で離乳しているとしても、三年以上も乳歯のままで生活することになる。

さて、ボーギンの議論にもどると、ヒトの子供は身体がまだまだ未熟でありながら、脳の発育を養うためにも栄養価の高い食べ物を必要とする。脳は発育と維持に非常にエネルギーを消費する臓器である。脳のエネルギー負担は個体の休んでいる時のエネルギー代謝（RMR: Resting Metaboric Rate）の割合として測ることができる。（第3章の基礎代謝に似ている概念だが）。チンパンジーの幼児はＲＭＲの四五パーセント、五歳児は二〇パーセント、そして成体は九パーセントしか脳の発育、または維持にエネルギーを消費していない。そして、離乳を終えた霊長類の少年期の個体では、脳の成長はほぼ完了しているが、ヒトの子供の脳のほうはまだ急成長のただなかにある。

ヒトが脳の発育と維持に消費するエネルギーは霊長類としても極端に高い。誕生時では幼児はＲＭＲの八七パーセント、五歳以下の子供は四〇パーセントから八五パーセントを脳の維持と成長に費やしている。大人は二〇パーセントから二五パーセントのエネルギーを脳の維持に費やしてしまう。ヒトの乳幼児はもちろん母親からもらうお乳で脳の発育を維持するが、離乳中の子供は未熟な歯と消化器官のまま、高品質な離乳食を食べさせてもらうことにより脳の発育を維持してもらわなければならない。

ヒトの子供は五歳ごろから次第に少年期に移行する。ヒトの少年も、他の霊長類種の少年と同じように、独自の力で生きていく能力を次々と身につけていく。永久歯は約六歳から第一大臼歯のまさしく歯切れとともに生え始め、胃腸も発達して、大人と同じ食品を食べられるようになる。食べ物を前におけば自分で「ご飯を食べる」ことはあたりまえになる。歩き方も大人と同じように効率よく長距離を歩けるようになり、必要ならば生業のお手伝いをしながら食べ物の生産者としての役割も果たすことが出来るようになる。脳は約七歳までにほぼ大人の大きさに達するが、身体はまだ小さいので、子供も少年もかなり頭でっかちである。

子供期がヒトの系統で進化した理由は大別して「子供の利益」と「親の都合」の二つの仮説セットがボーギンによって提案されている。子供期は子のためと考えられる理由として、まず、子供の成長を母親のお乳だけでは支えきれないので、幼児を早めに高品質な固形食物に切り替えて成長を維持する方法へとヒトの先祖が進化した、と推測できる。あるいは、固形食物が食べられる子供は母親以外の大人から食べ物の差し入れを受けられる年齢が早まる。食べ物の差し入れは他の霊長類には極めて稀であり、ヒトならではの行為でもある。さらに、食べ物の差し入れにとどまらず、ベビーシッターによる世話が子供期に入った頃から可能になり、幼い時期から周囲の大人や少年達に面倒を見てもらったりもするようになる。

親の立場からみても子供期は便利といえる。母親は子供をしばらくベビーシッターに預けることにより生業活動にいちいち子供を運んで連れていく必要から開放される。これは人類の進化の大部分を占めていた狩猟採集による生活の場では、極めて好都合であることは想像しやすい。野山から食物や薪を採集する役目は、多くの狩猟採集民においては女性の仕事である。乳幼児ならば抱いて連れていけるかもしれない。少年はすでに自分で母親に付いて歩いていける。しかし、重い子供を抱いて採集に出かけていては母親は疲れてしまうことは容易に想像できる。

写真 4-3　休息時に集まるヤクシマザルのメス家系

子供期は親にとって便利なだけではなく、ヒトとしての家族計画をも変えたかもしれない。それは、離乳と繁殖の間には駆け引き関係が存在するからである。哺乳類では一般的に幼児を離乳させなければ母親の身体は次の出産にむけた生理的な準備に移行できない。すなわち、人口学の言葉でいえば、離乳が早いと出産間隔を縮めることが可能になる。

子供期によってヒトは大型類人猿のなかでは繁殖率がやや高いという、少し逆説的な現象が起こっている。前章の図3-8でもう一度ヒトの繁殖率と他の霊長類を比較してみていただければわかる。

子供期のないチンパンジーでは幼児は少年期にかけて五年ぐらいも母親に依存して生活しているが、幼児が生存した場合の母親の出産間隔はかなり長く、野生での平均は約五・六年と報告されている。オランウータンにいたっては幼児が生存する出産間隔は七・七年という報告がある。もし、ヒトも幼児の最初の永久歯が生えてくる六歳まで離乳を遅らせるとした場合、母親の出産間隔は七年以上に伸びてしまう。しかし、子供を二〜三歳までに離乳させれば、出産間隔は最短の場合で三〜四年まで縮小できる。栄養状態が極めて良好で離乳の早い現代の人間社会では年子も珍しくない。

ヒトは霊長類としてはかなり身体が大きく、成長期間が非常に長い。それにもかかわらず、ヒトは子供期を通して乳幼児を早めに離乳させ、育児を家族や集落で行なうことにより、母親の出産間隔を縮め、繁殖率を高めることに成功した珍しいサルであることがわかってきた。ヒトは生存率を高める仕組みと出産間隔を縮めるという、生物としては本来ならば相反する生活史を持つことに成功しているといえる。

（2）サルには青年もいない？

ヒトの場合も思春期に性ホルモンの分泌とともに身体が激変する。子供期と少年期には身体の成長する速度はほどほどに押さえていながら、思春期にさしかかると同時に、大人の体形を目指してヒトは一気に成長スパートをかけて身長を延ばす。よって、思春期スパートはその前段階の子供期や少年期とともにセットで論じることにより説明がつく。青年期の時期は性的な存在としての学習期間であり、実際にはほとんど繁殖をせずに、大人としての社会性を身につける時期である、とボーギンは提案している。

ボーギン自身がグアテマラで調査した男女の思春期からの変遷を図4-10に示した。図ではPHVを中心にしてホルモンの分泌から二次性徴と生殖能力の発達を描いている。当初のホルモンの分泌から数えて、女性は排卵が成人のレベルに安定するまで七・五年かかり、男性は筋肉がついて体格が成人並に発達するまで五・五年かかる。女性はPHVの約一年後に初潮を迎え、男性はPHVの一年前から精子を生産し始めていることが尿の検査によって確認できるようになる。

さらに、男性は二〇歳近くまで身長は延び続ける。女性も身長は約一八歳まで延び続けるが、もう一つ女性にとって大事な成長の目安が骨格に秘められている。出産時に乳児の頭は母親の骨盤を通って生まれてくる。この骨盤という骨は思春期後も成長し続け、一七～一八歳で成長を終える。すなわ

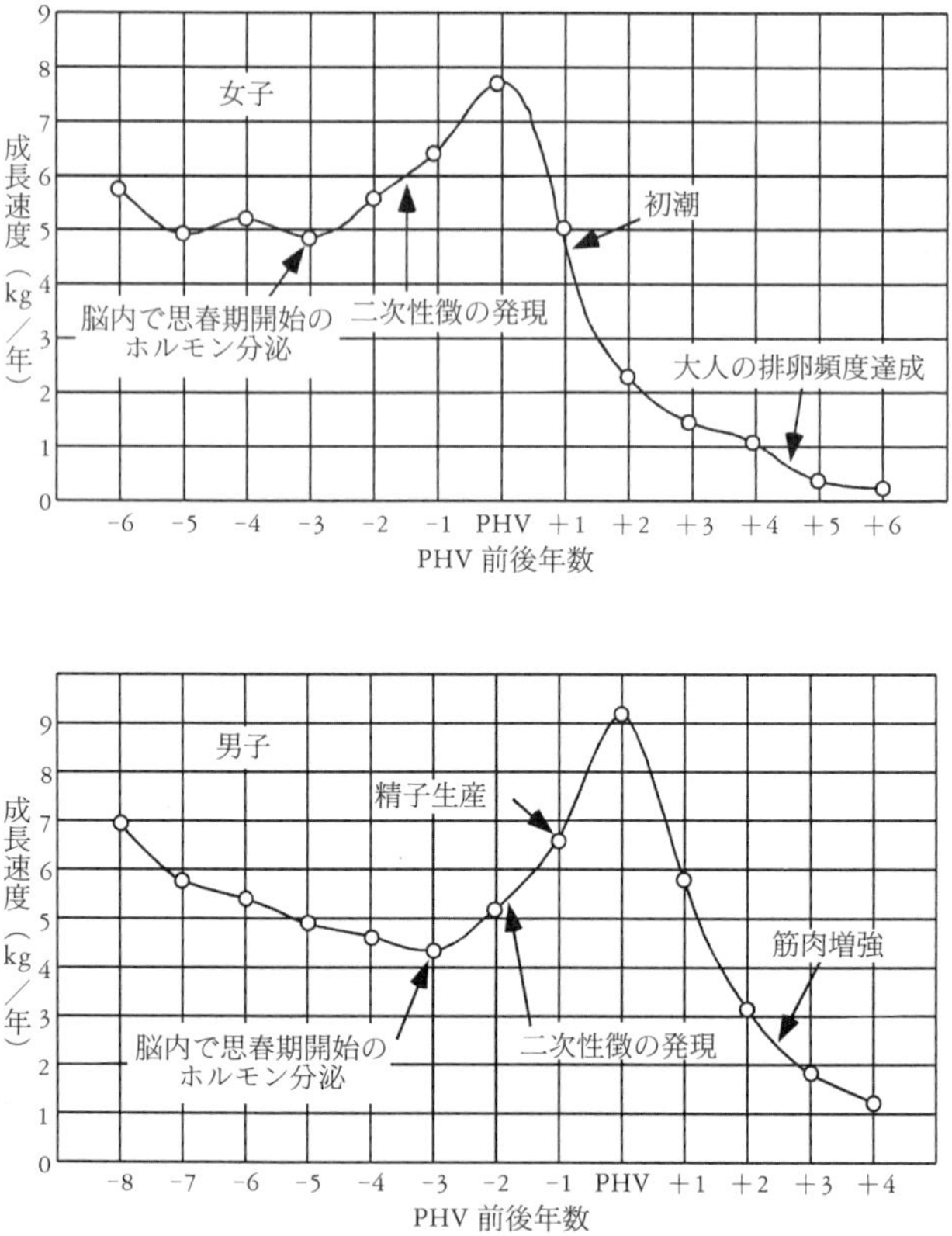

図 4-10　グアテマラの青少年における思春期
出典：文献 4

ち、男女とも、ある程度の繁殖能力をもつようになってからも成長を続け、一人前に到達するまで約八年から一〇年かかることになるのである。この期間をボーギンは青年期（adolescence）と呼んでいるのである。

ヒト以外の霊長類に青年期はあるか。思春期スパートはヒト特有の成長の現象であると仮定するボーギンは青年期もヒトに特有な成長の段階である、と主張する。ボーギンは思春期スパートの存在

写真 4-4　ヤクシマザルの若オス

写真 4-5　繁殖期に群れに接近するヤクシマザルの大人オス.

がヒトの青年期を定義づけると言っているのである。思春期スパートがなければ青年期もないことになる。

私は子供期がヒト以外の霊長類には存在しないという説についてはボーギンに説得されて、そのとおりに考えている。しかし、青年期については、私も含めて、霊長類学者の多くはやはりヒト以外の霊長類にも存在する生涯の段階であると考えるようになりつつあるのではないであろうか。青年期はヒトもその他のサルも持つ、と考える根拠は共通の謎が生活史に潜んでいると見るからである。それは、なぜか、思春期を迎えるサルの若者は身体がまだかなり未熟でありながらも繁殖能力を身につけてしまうという謎である。そして、思春期後の数年もの期間に成長が続く種が多い。

霊長類学のフィールド研究者は性的に成熟しながらもまだ小柄な個体を若オスや若メス（英語で

写真 4-6　ヤクシマザルの大人メス：威嚇の表情を見せている．

は young male や young female) と呼び、大人 (adult) とは区別する。私も屋久島のフィールド調査で、四歳ぐらいから始まるニホンザルの少年期から大人期への移行を何度か観察できた。思春期を迎えた若オスの睾丸ははっきり見えるようになり、若メスはお尻の周辺に性皮が広がる。そして、秋の繁殖期になると、少年期にはまったく性行動に興味を示さなかったサル達であったのが、若オスは繁殖に夢中になっている先輩たちの周辺をたむろするようになり、若メスは初めて発情する。しかし、思春期の若い個体はオスもメスも一〇歳の完全な成体と比べればまだ身体は小さい。若オスは大人と喧嘩してもまったく勝ち目はなく、社会的な順位は低く、メスにあまり相手にしてもらえない。若メスは妊娠して翌年の春に出産を迎えても、乳幼児は大きな負担になりかねない。

　この若オスと若メスの時期を青年期と見なすこ

とが許されれば、ヒト以外の霊長類にも青年期が存在することになる。実際に、一部の霊長類学者は思春期の後にも身体の成長がしばらく続く点に注目して、青年期が霊長類に存在すると考えている。[13]ただし、「青年期」という言葉が自分達の研究する種の若オス・若メスに当てはまるかについて多くの研究者は議論してこなかったことも事実である。また、ボーギンがくり返し指摘するように、ヒトとその他のサルの青年期には大事で大きな違いはたくさん存在するので、霊長類の研究者は丁寧に霊長類の生活史を検討しなければならない点には変わりはない。青年期と若オス・若メスを同一と考えてよいものなのか、まだしばらく議論は続きそうである。

4　骨格が示す古人類の成長

どのような個体が大人なのか。最も単純な定義では成長を終えた個体が大人であると言える。では、成長が終えることはどのようにしてわかるのであろうか。明確な成長の終了を示す一つの基準をまたもや骨格が提供してくれる。体重は、何度か解説したとおり、生涯を通して変化しうるので、成長の目安としては曖昧さを残す。骨格は歳とともに成長する能力を完全に失ってしまう。

育ち盛りの間の骨は全体的に大きくなる形で育つものではない。骨は成長をうながす特種な細胞をもっているが、この細胞は骨の両端に骨端板という細胞の層に集まっている。足や腕の長い骨では、関節面の裏にある骨端板で新しい骨が作られることにより、骨はどんどん長く伸びていく。骨端板は骨が成長を終えると固くなって骨化してしまう。ヒトの場合、約一六歳から二〇歳代前半までに骨端板はすべて骨化し、胎児の時期から続いてきた骨格の成長は終わりを遂げてしまう。それぞれの骨の骨端板は違う年齢で骨化するので、その事実を利用して考古学者や法医学者は遺骨から年齢を推定できるが、化石しか残らない古人類の生活史の探求も可能になる。

たとえば、ヒトと他の霊長類の違いが明白だとしても、進化の途上でいつからヒトの特徴が現れたかは新たな課題として残される。残念ながら、化石から古人類の生活史について調べることは非常に難しい。化石は体形の全体像を知るためにはあまりにも断片的にしか発掘されない場合がほとんどである。数少ない化石の骨格標本からB・スミスらは古人類に思春期の成長スパートが存在したかを検討している[52]。彼らが分析した化石標本はアフリカのケニヤで発見された男子の青年で、種としては北京原人と同じ、ホモ・エレクタス（*Homo erectus*）に分類され、専門家の間ではケニヤ国立博物館の標本番号、KNM-WT15000番、として親しまれている。

この青年の年齢はもちろん知るよしもない。成長を調べられる唯一、残された方法には、身体の部位の相対的な成長段階の比較がある。化石として残される身体の部位は歯と骨しかない。歯の生え変わりから成長を測る方法は、上述のヒトとチンパンジーの比較で紹介している。骨からは身長が推定できる。さらに、骨端板の骨化の程度から、成長の段階を示す重要な特徴が観察できる。

青年の上顎にはまだ乳歯の犬歯が残っており、永久歯の第二大臼歯が発芽していた。類人猿としては思春期のさなかにあった時期に亡くなったことになる。ヒトを基準に青年の年齢を推計すると、歯年齢の一一歳は骨格年齢の一三歳と身長年齢の一五歳と矛盾する。しかし、チンパンジーを基準にすると、歯年齢と骨格年齢は七歳でほぼ一致し、大柄な体格はより説明しやすい。もちろん、真の年齢は七歳でも一一歳でもなく、その中間であったのであろうが、いずれにしても、歯と骨格の発達のわりには身長はかなり高い個体であったことが推測できる。よって、ホモ・エレクタスは身長の伸びを遅らせた後に成長をスパートさせるヒトの生長パターンを、まだ進化させていなかったのではないか、とスミスらは結論づけている。残念ながら、骨格が揃っている状態で発掘される古人類の化石はあまりにも稀なので、化石を通して人類の生活しの進化をたどることは現在はできない。より多くの化石が将来に発掘されることを期待するほかはない。

5　生涯最大の駆け引き

青年期は驚きと葛藤の時期である、と親子がともに感じるのは当然かもしれない。青年は戸惑いとぎこちなさを、それこそ身にしみて体験せざるをえない。私たちの骨格、臓器、精神など、心身の各部分は発達を速めるか、それとももう少し時間をかけて成長を続けるか、お互いと対立したり折り合いをつけながら個体としての発達を展開していく。しかも、骨格の成長が完了するまでに身体はすでに繁殖能力を備えている。そして、繁殖能力を誇示し、異性を魅了し、競争相手を威圧するための二次性徴もちゃくちゃくと身につけていく。成長の終了とともに、運動力から免疫力まで、あらゆる意味で体力は生涯のピークにさしかかる。ようやく大人といえる生涯の時期に到達する。

大人になる最適な年齢は存在するのであろうか。その課題への答えは、まさしく生涯の駆け引きによって割り出されなければならない。まさに、私たち一人一人のなかで厳しい駆け引きが繰り広げられている。私たちの身体は身のまわりの環境によって成長速度を調整する能力をもっている。栄養条件が悪い環境では成長は遅くなり、逆に良い環境で身体の多くの部分は成長を速める。生活環境が大きく改善された近代においては、身長や体重が増すだけではなく、繁殖にかかわる整理の発達が速まる現象がよく知られている。

歴史的なデータがかなり整理されている女性の初潮年齢は、日本人の女性の場合、一九〇〇年の約一五・五歳から二〇〇〇年には一二・一歳まで速まっている[39]。現代の六七ヵ国における女性の初潮年齢を調べた論文によると、最高齢はネパールの高地で一六・二歳、最下齢はギリシアで一二・〇歳という報告がある[58]。

さらに、進化の途上で繰り広げられてきた青年期の駆け引きは、今もなお続いているのである。青年期には生物として生涯で最大の駆け引きに私たちは挑戦する、と考えれば葛藤を感じるのもうなずけるのではないであろうか。ヒトの場合、大人になる年齢は十代後半から二〇歳前後のようである。ヒトという種は、たいだいこの年齢で大人になるように適応してきた、と考えられる。すなわち、長い進化の歴史上、二〇歳前後で大人になってきた人々が最も繁殖に成功していたと推測できる。ところが、個体は種の適応に必ずしも縛られていないことも、自然の神秘の一つである。生物個体は自分の生き様を試すべく、独自の生活史に賭ける。

各個体は自分のタイミングで思春期を迎え、大人へと成長していく。私たちも、一人一人、独自の年齢で大人の生活へと打ってでる。そのタイミングがよいか悪いか、一生が終わるまでわからないかもしれないが、結果を被るのは自分自身であることだけは避けようがない。成長を続けるか、繁殖に転じるか、ヒトであろうとも、年ごろのサル達は皆、哺乳動物として命がけの選択を迫られる。

屋久島のある出産期の春に観察したヤクシマザルの若メスが印象に残った。小柄ながら出産したその若メスは、重そうな乳幼児をお腹に提げて森のなかを移動していた。残念ながら、この幼児はすぐに弱ってしまい、母親に捉まれなくなってしまった。健康な幼児は自分で母親に捉まっているので、サルの母親は歩きながら幼児を支える必要は普段ない。そして、幼児が自分の力で母親に捉まれなくなると、母子としての生涯の駆け引きが生物学の抽象的な理論ではなく、極めて切実な問題になる。私の観察していた若メスは幼児を捨てずに、なんとか片腕で支えながら、残りの三本の手足で森のなかを歩き続けていた。しかし、ある日、親子はとうとう群れから消えてしまった。屋久島にはサルの捕食者は存在しないので、この親子は群れには付いていけず、食べ物にありつけなくなり、身体が弱って死んでしまったのであろう、と私は推測している。

6　成長理論の行方

霊長類の成長について、多くの研究者が議論を重ねてきた。そして、研究の進展とともに、それぞれの立場の研究者は、皆、かなり妥協せざるを得ない結果となってきた。と同時に、研究者の間では新しい共通認識が生まれつつある。それは、霊長類の進化の途上で、生涯における身長と体重の成長速度がかなり柔軟に変化してきたことを認める考え方である。各種が独自に環境に適応してきたように、各種は独自の成長予定を持つようにいたった、と霊長類の研究者は思うようになってきたのではないであろうか。

成長スパートを説明する理論には二種類ある。成長の先送りと前倒しがありうる。タイミングの変化にも二種類ある。（1）年齢軸のうえで成長が早くなったり遅くなったりする絶対変化と、（2）身体や整理の特徴の相互のタイミングが変化しうる相対変化。

多くの霊長類には思春期に近い時期に体重や身長の成長が速まる。ヒトもやはり独自の成長予定を持ち、その思春期スパートは霊長類のなかでは特に先鋭なピークを表していることには間違いないようである。

成長予定を説明する具体的な仮説としてすでに紹介したのは、哺乳動物では成長の先送りにより少年期が発生する。そして、思春期後に成長を前倒しすることにより、ヒトの青年期が進化してきたのではないかと言うものであった。

私の意見としては少年期に起こる成長の先送りは生活史理論の原理である生活努力の配分の原理で説明されるべきだと思っている。脳の発達や学習にエネルギーを割いている期間には、ヒトは体重や身長の成長をお預けにしていると言えるのではないか。さらに、ヒトの思春期スパートが特に先鋭になる理由は、生業活動を担う体格を作るためではないか、と提案したい。思春期を過ぎれば、そろそろ大人と活動を共にしながら、真面目に狩猟や採集に必要な知識や技術を学習して、家族の生計を支える努力もしなければならないであろう。そのために、ヒトは成長をある程度は前倒しして、体格作りを促進するようになったのではなかろうか。ヒトの成長パターンもヒトの生活によって説明されるべきであろう。

第五章◎大人の稼ぎ——生涯を決める生活資源の分配

1　生命保険の生活史戦略

ヒトの生活史戦略を実践してきたあなたも、自ら意識して全生涯の生活の損益を詳細に計算したことはないかもしれない。なんとなく楽しい経験を求めながらも、実はいやな状況を避けているだけかもしれない。具体的な目標を持っている方は、目標によって教育や海外旅行やマイホームのためにお金をためながら、銀行通帳を記帳するたびに目標達成を楽しみにしているかもしれない。ところが、生命保険を契約しようとする家族ともなると、ヒトの生活史戦略のあらゆる側面を実践する生涯計画をたてることにならざるをえない。

生命保険は生活史戦略の重要な原理をいくつか内包している。まず、生涯のかなり長い期間を念頭におきながら生活を計画しなければならない。さらに、「志半ばで死んでしまう可能性」を考慮して生活を算段してみる。そして、生涯における「稼ぎ時」と「生活経費」を考慮する。生命保険の場合は、年とともに変わる被保険者の収入や生活費の変化にあわせて保険額も変化させる計画が、保険としては最も効率がよいとされている。

さらに、生命保険は他の生物とは違うヒトならではの生活史戦略の特徴も多く表現している。まず、被保険者は、たいていの場合、大人であり、生命保険はヒトの大人の生活史戦略の一環であるといえる。そして、生命保険は大人が死んでしまう危険性にたいして家族のためにできる限りの準備をしてあげることを目的としている。ここにこそ、ヒトならではの生活史戦略が発揮されている。

ヒトは家族のなかで食べ物をはじめとして、あらゆる資源の分配によって生きている。すなわち、被保険者が家族の生活を支えているという切実な事実が生命保険の仕組みの基盤にほかならない。保険金を計算するうえで考慮される生涯における「稼ぎ」は被保険者本人の稼ぎだが、「経費」は本人が亡くなれば、残される家族の生活費である。だから、保険開始から家族が将来に必要とする食費や住宅費や教育費といったものを保険金の計算にいれなければならない。

もう一つ、生命保険に加入する被保険者に重要な特徴がある。それは、職業が自由で多様化した現代においても、多くの家族では被保険者は男性である。日常の生活における役割を考えると、母親こそが子供のために生命保険に加入するべきかもしれない。ところが、現代の日本では生命保険の被保険者はたいていの場合、父親である。このことは現代の社会では男性、とりわけお父さんの稼ぎにたよって生活している家族が多いことを意味する。

さて、もちろん生命保険という制度は人類の長い歴史の途上ではごく最近に想像されたものであるが、もし、古代から生命保険があったとしたら、家族のなかの誰が加入するべきであったのか、考えてみたい。

人類学者は、人々は家族とともにいかに生活を維持するように進化してきたかを研究している。この壮大な研究には二つのテーマがある。一つはヒトの系統がなぜ他の類人猿から分岐して進化してきたかを説明し、ヒトの特異性を明らかにするための、古典的な人類進化の研究である。もう一つは、現代の人類が本来のヒトの姿からいかに乖離してきたかの研究である。

これらの研究テーマに答えるべく、近年では生活史戦略の理論が人類学で積極的にとりあげられるようになった。そして、生活史理論は人類進化の研究をその原点へ導くことになっているように私は感じている。その原点とはヒトの生業にこそヒトの起源が存在し、生活は生涯を通して位置づけられなければならないのであるという認識である。この認識はもう一度、若者の成長にとどまりかけていた研究の焦点を大人に戻してきている。なぜならば、生涯の稼ぎ時はやはり大人の時期であることが再確認されているからである。

よって、本章では、生涯における大人の役割に焦点をあてて人類の進化と特異性を探求したい。ヒトとその他の霊長類では大人の役割は違うのか、大人の「稼いだ」資源の分配はあるのか、そしてオスの「稼ぎ」はいったいどこに行くのであろうか。これらの質問に答えられる研究から、ヒトに生活史の独自性の源である生活そのものに迫ることができる。

(一) 稼ぎの配分

生活史の理論では成長の完了により生物個体のエネルギー配分を決める生命維持、成長、繁殖の三巴の駆け引きから成長が一つ抜け落ちる。そしてそれは、繁殖へと生活のェネルギーを大きく振り分けることが可能になる時期に生物が到達したことを意味する。しかし、生命維持と繁殖の間の駆け引きは依然として残っている。霊長類のように長生きしてくり返し繁殖する生物にとって、生き続けることこそが繁殖へむけての第一の努力といえる。一所懸命に食べ物をさがして栄養を得て生き延びなければならない。そして、エネルギーの余力を繁殖に配分するのである。大人になった霊長類は大きくなった身体を維持するために、食べ続けることによってエネルギーを稼がなければならず、第一義的には稼ぎの配分先を生命維持に振り分けざるを得ない。そして、エネルギーの余力を稼いで初めて繁殖のための努力が可能になる。

「繁殖」と見ると色々なことを読者は想像されるかもしれないが、性交渉に気をとられて、生物が常に交尾相手を探し回っているかのような誤解をしてはならない。まず、生物学では「繁殖努力」という言葉を用いるが、これは性交渉にとどまらず、子孫を残すためのあらゆる努力を包括的に指している。縄張りを設ける種ではその縄張りを見つけて守る行動も繁殖努力の一部と考える。集団内で強い地位をもたなければ繁殖できない種では、複雑な社会行動を通して集団に加入、あるいは集団を形成し、交尾相手に恵まれる地位を維持することも繁殖努力の一部である。

子育てをする種はもちろんその分も賄うためのエネルギーを稼ぐ必要にせまられる。哺乳類の母親は、妊娠から授乳を通して子供の栄養をすべて自分の稼ぎで賄う。さらに、霊長類の母親の多くは乳幼児を運びながら移動するので、自分と乳幼児の移動コストも自分のエネルギーの稼ぎから賄うことになる。

(2) 自分で稼ぐ霊長類

親の稼ぎで成長した乳幼児は離乳とともに、自分で生きていけるのであろうか。前章で紹介したとおり、ヒト以外の霊長類の乳幼児は離乳とともにすぐに少年期へと移行する。少年期の定義は、「自分で生きていく力を持つ」ことであり、自分で食べ物を摂取する能力を持つことである。霊長類の個体は、一般的に離乳の時点から自分の稼ぎで残る生涯を生きていかなければならない。

動物の生態に詳しい読者にとっては意外かもしれない。確かに、鳥類は餌をヒナに運んでやるが、これは巣立ち前の、哺乳類ならば乳幼児にあたる子供のために餌を運んでいることになる。哺乳動物のなかではハイエナのように、捕食動物のいくつかの種で子供に食べ物を運ぶ場合があるが、これも、巣穴からまだ出られない時期の幼い子供に餌を運んでやる場合である。

ところが、霊長類では、子供でさえも、食べ物を運んで分け与えてもらうことはほとんどない。たとえば、ニホンザルを例に取ると、親から子への食べ物の差し入れはない。私は何年か屋久島のニホンザルを観察してきたが、親が木の枝から摘みとり、いったん手に取った果実を子供に手渡す場面を一度たりとも見たことがない。あるいは親が果実を子供の口に入れる場面も見たことがない。親が落として食べ残した果実を子供が拾って食べたことは見たことがあるが、親が木の実を集めて、「はい、あなたの分よ」という雰囲気で子供に寄せたり、残したりした場面も、そもそも実を一ヶ所に集める行動がなかったので、やはり見たことがない。ニホンザルに関する文献には、母親が一回だけ子供の口にドングリを一個入れる、たった一つの観察が報告されているのみである[35]。

離乳後のニホンザルは自分で食べていくことが可能であるだけではなく、実際に自分の力で食べていかなければならないのである。親に限らず、兄弟・姉妹の間であろうと、伯父や伯母からも食べ物が分け与えられることはない。ニホンザルは自分の手足で木に登り、自分の手で摘んだ果実や若葉や虫を口へ運んで食べることによって生きていかなければならない。そしてさらに、食べ物は長い距離運んだり、貯蔵することもない。すなわち、ニホンザルは稼ぎをその場ですぐに消費していることになる。

ヒトと他の霊長類を比較するうえで重要な点なので、もう一度繰り返すが、ヒト以外の霊長類種のほとんどでは、たとえ同じ集団の仲間であっても、食べ物をお互いに分け与えることはない。この事実は人類の進化を論じるうえで二つ重要な課題にかかわってくる。

一つは資源の共有、とりわけ食べ物の共有がヒトに特有の行動であるかという、人類学の根源的な研究課題である。もう一つは、生業活動から得られる稼ぎの、生涯における分布である。

2 ヒトの特異性

人類学は、ヒトの系統がなぜ他の類人猿から分岐して進化してきたかを説明し、ヒトの特異性を明らかにしようとしてきた。二十世紀の前半まで、ヒトは他の動物とは絶対的に異なる存在であり、ヒトの特徴は明白であるという考え方が一般的であった。「ヒト以外の」という表現が必要ないほど、ヒトとサルの地位は隔たっていた。知能と文化を有するヒトは、高度なコミュニケーションに基づく社会を構成し、道具を操り、その道具を活用する狩猟による獲物を家族で分配して維持される共同生活を営む、極めて特異な生物であると考えられていた。対象的に、サルはコミュニケーションが未熟で、個体間の社会交渉は貧しく、道具はもちろん持たず、狩猟はできず、食べ物の分配もない、と思われていた。

しかし、霊長類学者はヒトの特異性を絶対視する思想に反発してきた。そして、絶対的と思われていたヒトの特徴を次から次へとサルに発見する研究を展開してきた。サルを含めて多くの動物が高度なコミュニケーションに基づく社会を構成していることが、野外での観察や研究室の実験によって次々と実証された。ヒトに最も近いチンパンジーにいたっては道具を使うことが発見され、世界の知識層に衝撃をあたえた。チンパンジーが小枝から器用に葉っぱをこそいだ棒で、蟻塚から蟻を釣る写真を見たことのある読者も多いのではないか。あるいは、石のハンマーでヤシアブラの実を割って食べる場面を、私たちはテレビでいつしか見られるようになった。さらに、チンパンジーは狩猟を日常的に行ない、獲物を仲間で分け合うことも発見された。霊長類学はヒトの特異な地位を完全に覆してしまったかのようにみえた。

ところが、霊長類学の成功の結果、ヒトとサルの比較研究の思想が大きく変化してきた。研究者を翻弄してきた当初の課題が無意味になってしまったのである。「ヒトは特異なのか、ただの生物種なのか」という二極相反の問題は消滅してしまい、系統発生の思想が取って代わってしまったのである。系統発生の思想では、生物の各種は系統樹のなかでつねに特異性と普遍性を合わせ持つ存在としてとらえられる。ヒトもチンパンジーもニホンザルも、霊長類あるいは哺乳類として進化した共通の特徴を多く受け継ぎながら、それぞれの種の特異性を進化させてきたのである。そのため、読者にとってはまぎらわしかったかもしれないが、この本では「ヒト以外の」という表現を頻繁に使わざるを得なかったのである。

半世紀に及ぶ霊長類の研究をふまえて、ヒトの特異性の課題は振り出しに戻ってしまった。当初あたりまえと思われていたヒトの特徴はことごとく幻と化してしまったが、じつはさらなる研究によって、ヒトの特異性がもう一度浮き彫りになってきた。

(1) 霊長類における食べ物の分配

食べ物の分配はヒトに特有の行動であるか。この設問は人類学の根源的な研究課題であった。すでに、チンパンジーは狩猟を行ない、獲物を分配することは知られているので、それ自体、ヒト特有の行動ではないことは実証済みである。しかし、チンパンジーの狩猟を細かく分析すると、ヒトとの違いが見えてくる。たとえば、チンパンジーは道具を使用することは観察されているが、狩猟に道具を使うことは観察されていない。獲物は手摑みで獲得し、近くの木の幹などに叩きつけて殺す。では、獲物の分配はヒトとチンパンジーの間で違いがあるのであろうか。

ヒトと他の霊長類の食物分配を比較するうえで重要な課題が三つかかわってくる。(1)もし食料の分配があるとすれば、分配される食料がどの程度生活を支えているか。どのような食べ物が分配され、必要な栄養のどの程度の割合を占めるか、という設問に答える必要がある。(2)食べ物の分配がある場合、誰と誰の間でそれが行なわれるのか。食べ物の分配は親子の間だけなのか、メス同士あるいはオス同士だけなのか、オスとメスの間にもあるのか、分配の理論は色々な組み合わせを検討しなければならない。(3)そして、生業活動から得られる稼ぎの生涯における分布はどうなるのか。すなわち、ヒトは何歳ごろから食料を獲得するための生業にかかわるようになるのか、が大事な課題となる。以上の設問を念頭にいれて、ヒトと他の霊長類における食料の分配を比較検討しよう。

まず、現象の定義から始めることにしよう。研究者は、行動の観察のなかからサルの「分配」を見出さなければならない。サルの行動には、分配に似ていながら分配として認められない行動がいくつかあるので、分配の定義を明確にしておく必要がある。サルの個体が一旦手にとった食べ物が、他の個体に直接移る状況を「食物移動」と研究者は見なす。食物分配は、食物が個体間を移動する行動の一つの種類として考えられている。

霊長類による分配行動については、詳細な報告が西田利貞らの研究グループによって発表されている[41][42]。ここからはしばらく彼らの論文を参考に解説を進める。

さて、西田・保坂は個体間の食物移動に三種類を認めている[41]。第一は「強奪」である。非所有者が力ずくで、所有者から食物を奪って行く場合を強奪と見なす。食べ物を取られてしまう弱い個体は、悲鳴など屈従的な行動を表す場合が多い。第二は「受動的分配」と呼ばれている。これは、非所有者が所有者から食物を取っていくとき、所有者は抵抗しないか、黙認する場合を指す。これは、非所有者が所有者の手から静かに食べ物を取っていき、またその時、所有者も特に慌てず嫌がらずという状況を想像する用語である。

第三が「積極的分配」である。これは、非所有者の物乞い行動があってから、あるいは別段明瞭な要求もないまま、所有者が積極的に食物を与える場合である。また、これを心理学的な説明からすると、食物に動機づけられている個体（つまり今まさに食べようとしている個体）が、横取りから難なく防御できるであろう食物を自発的に他の個体に譲ってしまうことから、積極分配とも言い換えられる。

霊長類各種の食物移動の行動をヒトと比較するうえで、第三の積極的分配が人事な問題として研究の焦点となっている。なぜならば、ヒトは積極的な食べ物の分配によって生活しているからである。ヒトと他の霊長類の生活を比較することにより、積極的な食物分配がどの系統において、何時、どのように進化したかを研究することが人類学者の目的である。積極的な食物分配はヒト以外の霊長類において、実は、二つの系統で進化してきたことが確認されている。一方は、南米に生息する、いわゆる新世界ザル、そしてもう一方が、ヒトに近い類人猿の系統である。

新世界ザルのうち、積極的分配が観察されている系統は、メスが双子を出産することで有名なマーモセット科とオマキザル科のサルたちにある。マーモセットなどは霊長類のなかでも小柄でありながら、双子を出産するおかげで、幼児の体重は母親の一四パーセントから二四パーセントにも達する。以前、第三章で、マーモセットは双子の成長を支えるために、メスに変わってオスが子供を持って移動することをとりあげた。さらに霊長類としては珍しいことに、マーモセットは双子の旺盛な食欲を満たすために家族総出で幼児に食物を与えるのである。親だけでなく、おもに幼児の兄姉がヘルパーとして幼児に餌をあたえる。ライオンタマリンでは、幼児の弟妹を運ぶ親に年長の子どもが分配する。

これらの食物分配は繁殖のために必要であり、「給餌」といってよい行動として認められる。高品質の食物や珍しい食物の方が、栄養価の低いありふれた食物よりよく分配される。マーモセット科では分配されるのはバッタなどの大型昆虫か脊椎動物で、飼育下を除くと植物性食物が分配されたという報告はない。オマキザル科では、大型昆虫や幼児が割ることのできない果実も分配される。いずれも大型で、幼児にとっては見つけたり、捕まえたり、処理するのに難しい食べ物であると言える。

マーモセット科における食物分配の積極的性を示す行動は数多く観察できる。まず、受け手が物乞いの音声を持っている。さらに、霊長類としては珍しく、分配をするほうの個体が、幼児に対して食物を与える意図を知らせる。食物の与え手は食事に招待する音声を発し、視線、姿勢、接近によって与えることを知らせる。もう一点、与え手の食物の所有者が満腹しているときより、満腹していないときによく起こる。

マーモセットの子供に対する給餌は非常に興味深い。父親やヘルパーによる運搬や給餌があってはじめて、母親は子供を育てあげることができるようになる。譲り受けた餌は量も多く、幼児の成長に極めて重要な役割を果たす。つまり、食物の分配は母親の体格のわりに大きな幼児を産む繁殖戦略の一環として考えられる。哺乳類の系統において、動物は子供の給餌を何度も進化させてきたことを、これらのサル達が証明してくれているといえよう。しかし、系統としてはヒトから非常に遠い位置にある。示唆に富む現象だが、残念ながら、ヒトの進化とは直接には関係がないと言わざるをえない。

積極的な食物分配は、進化の系統がヒトに最も近いパン属にも発見されている。

パン属とはチンパンジーの属で、チンパンジーは二種が現存している。一方は、お馴染みの、「普通」のコモンチンパンジー（*Pan troglodytes*）、もう一方はやや小柄なピグミーチンパンジー（*Pan paniscus*）である。コモンチンパンジーはアフリカの熱帯雨林に限らず、より乾燥した疎林地帯まで広く分布して生息している。ここでは、便宜的にチンパンジーと呼んできた。後者は中央アフリカのコンゴ川流域の熱帯雨林に生息地が限られている。通称として、アフリカの言葉に基づいて、ビーリャやボノボと呼ぶ研究者も多いが、ここではチンパンジーと同属であることを強調したいので、ピグミーチンパンジーと呼ぶことにする。

さて、西田・保坂(41)や西田・ターナー(42)などの文献でパン属の食物分配について調べるうちに、筆者としてはやや困った事態に陥ってしまった。できる限り明快にパン属の特徴を要約し、ヒトとの違いを解説したかったのだが、またもや大自然の多様性に直面してしまった。狐につままれた、ではなくてチンパンジーにつままれた気分である。

パン属は現存する生物のなかではヒトに最も近い生物である。故に、ヒトと多くの特徴を共有している。食物分配も、その共通の特徴と理解して差し支えないであろう。そして、パン属における食物分配はヒトになる前兆として解釈したかった。オスはメスに肉を与え、メスはオスに果実を与える状況が実在するならば、人類進化の仮説に通じる都合のよいストーリーを描くことができるかもしれない、という筆者の期待はあまりにも安易であった。

ヒトとパン属の特徴は進化のストーリーを構築するうえで、わかり易い様相で各種にセットとして存在しているわけではない。食物分配を含めて、大事な特徴が各種に散在しているために、単純明快なストーリーは語ることができなさそうになってきた。パン属における食物分配はマーモセットとも、ヒトとも異なる。さらに、パン属の二種、チンパンジーとピグミーチンパンジーの間でも、筆者としては驚くべき違いが存在することを思い知らされている。

強いて、一つだけ生活史の研究にとって重要な結論を引き出すとしたら、それは、パン属における食物分配は彼らの生存に必要不可欠なものではない、ということであろう。パン属ではさまざまな食物が分配され、分配にまつわる行動も実に豊富で多様である。しかし、ヒトとマーモセットとは異なり、明日から急に分配が出来ない状況が発生したとしても、パン属はあまり生活に困ることはないかもしれない。

行動としてはパン属における食物分配は積極的な分配の範疇に入ることはまぎれもない。あらゆる食物が手から手へと渡される。片手をのばして食物や所有者の口に触れる物乞い行動など、食物の移動をめぐって多様な交渉がみられる。母親から子への分配だけではなく、大人の間も日常的に行なわれる。大人の間では、取引も含んだ融通性のある交換（行動と食物の）がなされることもある。

しかし、母から子への分配は、量としてわずかである。母親のしがみかすをもらう程度なので、決して給餌と呼ばれるような分配ではない。分配は情報の提供、一種の教育である、と解釈できる。栄養としてよりも、局地的な食物のレパートリーを子どもに学習させることを目的としていると考えられる。子供が獲得あるいは処理できない食物を母親が与え、味を覚えさせ、成長したときに、こういったタイプの食物を探し入手するよう動機づけを与える。いずれも子供が自力で獲得できないか、獲得できても食べられる状態に処理できないような食物を、子供が要求する結果であり、母親からすすんで食べ物を与えることはない。よって、分配は子供がおねだりを始める二歳ごろに始まり、七歳あたりでおねだりの終わりとともになくなってしまう。しかし、母親は子供に要求されれば食べ物を惜しまず与える。

大人の間の分配は頻繁ではありながら、提供者はかなり出し惜しみをしているらしい。西田らはチンパンジーの好みの分配相手に対する態度があり、それを分配の「ポリシー」と呼んでいる。[41] チンパンジーの基本的な分配ポリシーは、獲得した食べ物のなかから（1）小さいほうを与える、（2）まずい方を与える、だそうである。行動の定義としては「積極的」かもしれないが、報告を見ているうえでは、積極的に他者を養ってあげようとする努力は感じられなさそうである。パン属では、お互いの生活を支えあえるほどの量の食べ物は分配されていないようである。たとえば一頭のオスが持つ余剰時間により一頭のメスの生存に十分な量の食物が供給される可能性は低い。

チンパンジーとピグミーチンパンジーの分配には興味深い違いが数多く存在すると同時に、それぞれの種にはヒトとの共通点が見受けられる。この状況はいかに解釈するべきであろうか。当初、パン属とヒトの共通の祖先に発達した特徴を、各種が好きにかいつまんでは発展させたかのように進化したのではなかろうか。チンパンジーとピグミーチンパンジーの食物分配に関する報告を見ると、ヒトとパン属の共通の祖先が見え隠れしているように思えてならない。

さて、チンパンジーの大人の間で行なわれる食物分配は自然状態では九五パーセントが肉である。自然状態では植物性食物が分配されるのは、親子を除いて、稀らしい。獲物を最初に獲得したチンパ

表 5-1　チンパンジーが肉を手にした後に分配するパターン：性年齢層間での比較

	アルファオス (N＝2 頭)	非アルファオス (N＝9 頭)	若者オス (N＝11 頭)	大人メス (N＝20 頭)	若者 (N＝10 頭)
強奪される	0	11	18	13	7
大人オスと大人メスに分配	45	28	0	2	1
母子のみに分配	18	28	1	3	0
大人のオス・メス＋家族に分配	–	–	0	1	0
家族＋母子に分配	–	–	0	8	1
家族のみに分配	–	–	0	9	4
独占する	2	28	6	8	6
不明・分配の証拠なし	3	32	10	24	5
肉を手にした回数	68	127	35	68	24

西田・保坂（文献 41）の表 7-5 を改編．データ期間は 1991–1995．肉はコロブスザル．大人オス，大人メス＝血縁関係のない大人のオス・メス，母子＝血縁関係のない母子，子とは赤ん坊（0–4 歳）と子供（5–8 歳）を指す．家族＝分配する個体の子供・母方の兄弟姉妹・母親（大人のオスには“家族”はなかった）．

ンジーはほとんど大人のオスである。弱いオスの場合、強いオスに取りあげられてしまうこともある。集団で最も強いアルファオスの肉獲得の七〇パーセントは強奪によるものであった。とにかく、獲物をしっかりと取得したオスの回りに他のチンパンジー達が集まって、肉を求めておねだりを始める。獲物をもったオスは肉片を千切って、回りのチンパンジー達に分け与える。あるいは、獲物の端を摑んで一部を持ち去ることに成功するチンパンジーもいる。結果的に、獲物のほとんどは取得者のオスの仲間に渡る結果となる。

獲物の分配はどのような経路で行なわれるのであろうか。日本の研究者が長年調査を続けてきたタンザニアのマハレ国立公園においての、チンパンジーによる獲物の分配ポリシーを表 5－1 にした。このデータは、チンパンジーが手に入れた肉片が次の個体へと渡る回数の表である。

表を見ると、アルファオスの分配回数の三分の二は大人のオスと大人のメスの双方に向けられていた。その他の大人のオスの分配は大人メスだけに向けられた場合が、大人オス・メス双方と同じくらい高く、分配しない場合も多かった。若者オスは手に入れた肉片の五〇パーセントを強奪されてしまうが、強奪されない場合は特定の母子に対する分配が時々あるものの、分配しないか、証拠がない（その場から逃げてしまうので観察者にはわからない）。

大人メスは肉片を保持した場合の四二パーセントで分配を行ない、分配した相手は七八パーセントが自分の家族を含む場合と、三九パーセントは特定の大人メスを含んでいた。若者メスは肉を保持した三五パーセントの場合に分配、ほとんどを家族に分配した。

アルファオスによる分配回数はかなり多い。そしてアルファオスは同時に多くの大人のオスと大人のメスの双方に分配を向けていることがあるが、その内訳がアルファオスの分配ポリシーを反映している。マハレのアルファオスを長年務めたオスの分配ポリシーは以下のようであった。（1）母親、（2）子持ちメス（かつてよく交尾したメス）、（3）発情している大人のメス、（4）年寄りのメス（高順位で遠慮がない個体）、（5）他の大人オス。

アルファオスは他のオスには分配したがらないようであるが、分配を向ける場合は、おもしろいことに、まず同盟関係にあるオス、次に年寄りのオスであった。ライバルになりうる第二位のオスや、順位上昇中の大人のオスにはまったく分配しなかったそうである。

チンパンジーとは対照的に、ピグミーチンパンジーが分配する食物はたいてい肉ではなく、植物性食物らしい。大型の果実を分配することが多く、研究者が設置した餌場ではサトウキビやパイナップルが分配される。肉の分配が観察された例は稀であるが、所有者はいずれもメスで、大部分がメスどうしの分配であった。メスは自分の子どもだけでなく他の個体にもよく分配するので、メス間とメスからオスへの分配が比較的よく見られた。肉の分配が見られているが、所有者はいずれもメスで、大人のオスのあいだの分配は稀であった。価値ある珍しい食物だけでなく、植物性やありふれた食物も大人のあいだで分配された。

なぜ、食物の分配が起こるのだろうか？　分配される食物には二つの重要な特徴がある。（1）一人で消費するには大きすぎる果実・肉であり、（2）入手や処理の技能に大きな個体差のある食物であること。たとえば、サトウキビは皮をむくために強い顎と歯が必要であり、そのままでは子供は食べられない。猟の成功率は性・年齢によって大きく異なる。チンパンジーの大人のオスはメスよりはるかによくサルを捕まえ、よく肉を食べるが、マハレで観察された狩猟のうち大人オスによるものは七〇パーセントにもなり、成功率には個体差も大きい。子供は狩猟に成功しない。道具使用により得られる食物の場合、道具使用の技能にも性年齢差と個体差がある。棒で蟻を釣る行動は前にもふれたが、蟻釣りは、蟻の種類によって七歳から九歳以上になるまであまりうまくできない。西アフリカの石器による堅果割りは七歳を過ぎてはじめて可能になる。蟻釣りは大人のオスよりメスが効率が高い。堅果割りも大人メスのほうが優れた技能を示す。すなわち、食物を取得するための技能に大きな年齢差があれば、子供は親に食物の分配を要求する。技能に性差が大きければ、肉の場合のようにメスがオスに物乞いし、堅果割のようにオスがメスに物乞いする。同じ性年齢層でも個体差が大きい活動では、肉の場合のように同性のあいだでも食物分配が起こる。西アフリカの堅果割り行動では、たまにメスが不器用な大人のオスに石器で割った堅果片を分配することはある。

ヒトが進化する途上、道具の生産性がチンパンジーより大きく高まった時代があった。お互いを養えるほどの食物分配が発達するには、道具によって個体が自分で消費できるよりはるかに多くの食物を生産し移動させることが可能にならなければならない。それが、道具にいつも依存する生活に達する段階であった、と人類学では考えられている。西田と保坂は、その時代を根菜類を掘りおこすための掘棒の発明の時期と考えているが[41]、物資を運ぶための袋や火の使用や大型動物の狩猟ができるようになる時期と考える仮説もある。

では、ヒトによる食べ物の分配けどうか。ヒトとチンパンジーはある程度は食べ物を分配する点では共通しているが、分配の内容と程度を比較すると、違いは歴然としている。まず、ヒトは食べ物を運ぶことからして類人猿としては珍しい種である。食べ物を得るその場で食べる量は少なく、大量に食料を集めては住居へ持ち帰る。得られる食料は、狩猟による動物性の部分と採集によるおもに植物性の部分からなるが、肉に限らず、植物性の食料も分配され、分配の対象になる食べ物によって生活が支えられている。

食べ物の分配は、異性同士および世代間にも頻繁にかつ大量に行なわれる。狩猟採集社会の多くでは狩猟は男性、そして採集は女性によって行なわれるので、肉は男性から女性へ、そして植物性の食べ物は女性から男性へと渡る。さらに、もちろんのこと、食べ物は大人から子供へと渡る。

そして、これから説明する生活史の理論として大事な点であるが、狩猟と採集のほとんどは大人の仕事であり、若者と子供の稼ぎは少ない。ヒトは大人の稼ぎを分配することによって生活する、と言えるのである。

(2) ヒトの生態は大人の生態

大人の稼ぎに着目してヒトの生活史を説明しようとする理論が最近H・キャプラン、K・ヒル、J・ランカスターとA・フルタドによって提唱されている[(15)(20)(21)]。彼らはヒトの生態と生業と生活史を融合させた、総合的な理論体系の構築を試みている。生態学に基づく理論らしく、彼らの理論はヒトの食べ物の特徴からその他のヒトの生態の進化を導こうとする。ヒトの食べ物の特徴は生活史と深いかかわりがあるというのがキャプランらの説である。すなわち、ヒトは大人にしか取得できない食べ物に頼って生活を営んでいるのである、と彼らは主張する。

大人にしか取得できない食べ物とは、いったいどのような食べ物なのであろうか。大人しか取得できない食べ物が野山のどこに存在するのであろうか。

キャプランらの説では、ヒトは栄養価の高い、大きなパッケージからなる動植物両方の食料に依存して生活している。しかし、このような食べ物のパッケージを野山から収穫するには、きわめて高度な知識と技術と腕力が必要となる。

この説を展開するうえで、キャプランらは収穫の難度によって食べ物を三種類に分類する。
(1)収集——手に取って集められる食べ物が最も収穫しやすい種類の食料と考えられる。収集できる食べ物には果実、葉、花などの手に届きやすい食べ物が含まれる。このような食べ物はすぐに口に入れて食べられるものが多い。
(2)抽出——食料になるものが守られていたり、隠れているために、なんらかの作業や加工を通して食べられる部分を抽出しなければならない。たとえば、分厚い皮に覆われている果実は、その皮を剝いてから食べる。根菜類は土の下から掘り出さなければならない。堅果を割ったり、種子をすりつぶして栄養分を抽出する場合もある。さらに、火を通して調理することにより、植物に含まれる毒素を解毒したり、消化できない植物性の栄養分を消化できるように変化させることもヒトの知恵の一つである。
(3)狩猟——動物性のたんぱく質は狩猟によって得られる。狩猟の対象はおもに脊椎動物であるが、素早く移動したり隠れたりする動物を捕まえることは、ヒトやチンパンジーにとっては非常に難しいと考えられる。
この分類に基づいて、彼らはヒトとチンパンジーの食生活を詳細に比較する。ヒトもチンパンジーもいずれの方法でも食べ物を収穫することができる。ただし、ヒトとチンパンジーの違いはこの三種類の収穫方法の割合にある。

表 5-2　狩猟・採集民族とチンパンジーにおける食物を取得する方法

民族名	地域	食物を取得する方法		
		収集	抽出	狩猟
オンゲ	インド	30	21.9	78
アンバラ	オーストラリア	4	20.3	75.7
アーネム	オーストラリア	0.6	30.1	69.4
アチェ	南アメリカ	0.8	24.3	74.9
ヌカック	南アメリカ	20?	40?	40
ヒウイ	南アメリカ	4.6	21.6	73.7
クング1	アフリカ南部	4.9	63.4	31.7
クング2	アフリカ南部	?	?	68
グウイ	アフリカ南部	37?	37?	26
ハッザ	アフリカ東部	15	36	48
チンパンジー（調査地名）				
マハレ		91.1	6.4	2.5
ゴンベ		94.2	3.8	2
キバレ		99.1	0	0.9
ロペ		92.3	5.6	2.1

出典：文献 21

チンパンジーの食べ物には収集資源が圧倒的に多い、とチンパンジーの生態を詳しく報告する四つの調査地からの文献に基づいてキャプランらは強調する（表5-2）。チンパンジーの採食時間のほぼ六〇パーセントは果物によって占められている。果物のほとんどは手に取ってから口に運ぶ、収集資源である。その他の収集資源と足しあわせると、チンパンジーは採食時間の九五パーセントが収集された食べ物によって占められる。また、抽出資源もチンパンジーの大事な食べ物になりうる。石のハンマーでヤシの実を割る行為はもちろん立派な抽出資源の利用である。その他に、チンパンジーは堅い果実の皮を剝いたり、茎の髄を取り出すために皮をはいだりする。しかし、キャプランらが調べたチンパンジーの調査地の場合、抽出資源は採食時間の約三パーセントしか占めていなかった。そして、狩猟資源として得た肉を食べる時間は採食時間のなかでは、ほんの二パーセント程度にすぎなかった。

チンパンジーとは対照的に、ヒトの食料資源は狩猟と抽出によるものが多く、簡単に収集される部分は少ない。食べ物の内容が詳細に調べられた九つの狩猟採集民の食生活に関するキャプランらのデータを、表5-2にまとめた。表を見ると、この九つの民族の食生活はかなり異なる部分もありながら、最低でも約二六パーセント、多くて七八パーセントが狩猟資源によって占められていることが解る。抽出食料の割合も多く、最低で二〇パーセント、最大で六三パーセントを占めている。収集される食べ物は多くても三七パーセント、それが少ない民族ではゼロパーセントであった。

人類の進化を説明するべく、人類学者はヒトの食べ物に基づく学説を提案してきたので、キャプランらの理論はその点においては特に目新しいものではない。彼らの理論の新しい部分は次の主張にある。狩猟採集には高度な知識と技術が必要であるために、ヒトの生涯におけるエネルギー収支が非常に偏っているのである、と彼らは主張する。この場合エネルギー収支とは、自分で取得する食料のエネルギー量に対して実際に自分で食べて消費するエネルギーの差を意味する。

彼らの説によると、ヒトの大人のエネルギー収支はプラスでありながら、その他の年齢ではエネルギー収支はマイナスである。これは、霊長類としては極めて珍しいエネルギーの生活史といえる。たとえば、チンパンジーは老いも若きも自分で手に取った食べ物を自分で食べて生きているので、離乳後のチンパンジーのエネルギー収支はプラスにもマイナスにもならず、ほぼ均等する（図5－1）。もしエネルギー収支がマイナスになれば、飢えて死んでしまう。また、チンパンジーのエネルギー収支がプラスになる状況があるか考えてみると、多少は肉を他者に分け与えることもあるだろうが、全体のエネルギー収支のなかでは微々たるものであろう。

他の霊長類とは対照的に、ヒトのエネルギー収支は生涯において大きく変動する。その理由は、ヒトの生活を支える生業活動は子供にはできないものが多いからである。食べ物の抽出や狩猟の技術は簡単に覚えられるものではない。技術を習得するには長年の練習と経験が必要である。大人の体力と腕力が必要な活動も多い。狩猟は特に難しい技術の結晶であるとともに、長距離の移動と危険がともなう活動である。

すなわち、子供のエネルギー収支は大幅にマイナスになる。離乳直後のヒトの子供のエネルギー生産はゼロである。それどころか、まだ自分で食べ物を口に運ぶことすらできない。子供は、親をはじめとする大人から食べ物を分けてもらわない限り、生きてはいけない。成長とともに若者は生活の術を覚えていき、大人の生業活動に加わる場面を増やしていくかもしれない。しかし、採集のお手伝いはできても、集められる量はすくなく、食べ物を抽出するための作業も大人の方が効率がよいはずである。若者が生産できるエネルギーが自分が消費するエネルギーにはとうてい及ばない年齢が、かなり長く継続してしまう。若者のエネルギー収支がようやくプラスに転じるのは二〇歳ぐらいになってからである。

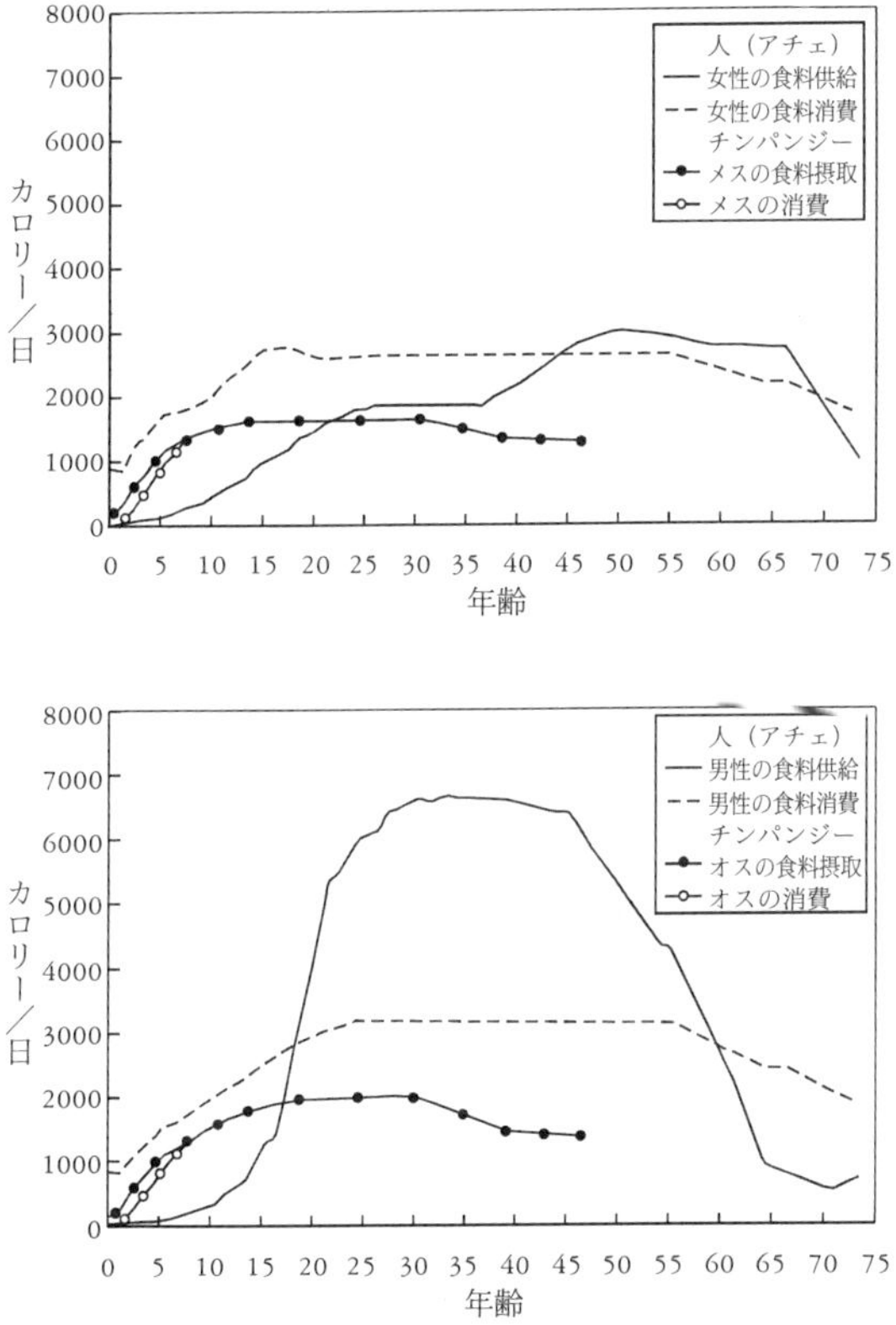

図 5-1　生涯におけるエネルギーの供給量を消費量：狩猟採集民の男女とチンパンジーのオス・メス
出典：文献 21

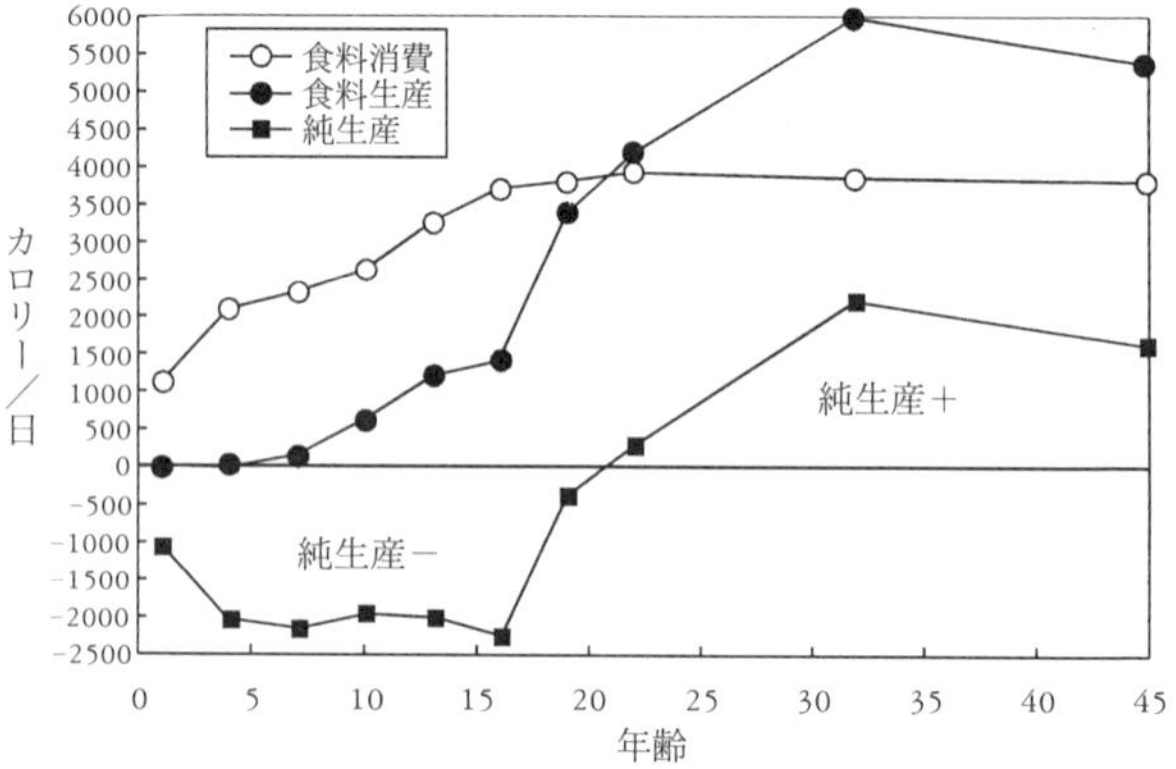

図 5-2　狩猟採集民のエネルギー収支
出典：文献 20

逆に、社会全体が大人の稼ぎで生活しているので、大人のエネルギー収支はプラスでなければならない。大人は自分で消費するエネルギーよりも生産したエネルギーのほうが多い。その稼ぎを大人は子供と若者たちに分けあたえてあげる。しかも、稼ぎは年齢とともに増えていく。狩猟採集民ではエネルギー収支が最も高い年齢は三〇代の半ば、とキャプランらは自らの調査で報告した（図5-2）。その後は多少なりともエネルギー収支は下降する傾向が見られるが、年老いても狩猟や採集がまったくできなくなる年齢まではしっかり稼ぐ。老人は長生きすれば、またエネルギー収支がマイナスにもどるかもしれない。しかし、老人は人生に蓄えた知恵と見識で社会に貢献し続けることもできる。

もう一つ、キャプランらが強調するヒトの特徴がある。それは、男性の貢献にほかならない。狩猟は多くの社会では男の仕事である。結果として、男性が食べ物の多くを提供することになる。男性のエネルギー収

表 5-3　狩猟・採集民族における男女のエネルギー生産

		大人のカロリー生産					大人の総カロリー %	大人の総蛋白質 %
		肉	根菜	果実	その他	日平均合計		
オンゲ	男性	3919	0	0	81	4000	79.7	94.8
	女性	0	968	1	52	1021	20.3	5.2
アンバラ	男性	2662	0	0	79	2742	70.0	71.8
	女性	301	337	157	379	1174	30.0	28.1
アーネム	男性	4570	0	0	8	4578	69.5	93.0
	女性	0	1724	37	251	2012	30.5	7.0
アチェ	男性	4947	0	6	636	5590	84.1	97.1
	女性	32	0	47	976	1055	15.9	2.9
ヌカック	男性	3056	0	0	1500	4556	60.4	98.6
	女性	0	0	2988	0	2988	39.6	1.4
ヒウイ	男性	3211	2	121	156	3489	79.2	93.4
	女性	38	713	83	82	916	20.8	6.6
クング1	男性	2247	974	3221	45.5	44.7		
	女性	0	348	348	3169	3864	54.5	55.3
クング2	男性	6409				6409	＞50	
	女性							
グウイ	男性	1612	800	0	0	2412	43.0	78.7
	女性	0	0	0	3200	3200	57.0	21.3
ハッザ	男性	7248	0	0	841	8089	64.8	94.1
	女性	0	3093	1304	0	4397	35.2	5.9

出典：文献21

支がプラスでなければ、家族を養うことはできない。表5-3にキャプランらが、自身の調査も含めて、九つの民族における男女別のエネルギーと蛋白質の収穫量を推定したデータを示した。この九つの民族では、男性はカロリーの約四三パーセントから八四パーセント、蛋白質にいたっては約四五パーセントから九五パーセントを提供しているということになる。ヒトの食料供給にとって、男性がいかに重要な役割を果たすかが再認識されている。

狩猟は学習と訓練が最も難しい生業活動であり、狩猟に経常的に成功をおさめるには長い経験と訓練が必要である、とキャプランらは強調する。その証として、年齢による狩猟の成功率の変化のデータが提示されている。南米パラグアイのアチェとヒウイの男達は三〇歳代の半ばでやっと生涯で狩猟による収穫率がピークに達する。一〇歳の男の子はヒウイでは大人の一六パーセント、アチェではほんの一パーセントにしか及ばず、二〇歳でもヒウイではまだ大人の五〇パーセント、アチェでは二五パーセントにとどまっている（図5－1）。

狩猟に経験と技術が物を言う背景にはヒトが利用する生物資源の分布の広さ、種類の多さ、技術の豊富さがあげられる。アチェの大人（約三五歳）の男性は、すでにそれまでの人生で一万二〇〇〇平方キロメートルもの熱帯雨林を歩いて狩猟を行なってきただけではなく、年間で平均約二〇〇平方キロメートル、特に広い地域を利用する猟師は年間一〇〇〇平方キロメートルにも及ぶ広さを自らの狩猟の場として利用する。それに比較してチンパンジーのオスの通常の遊動域は約一〇平方キロメートルにすぎない。また、ヒトの猟師は沢山の動物種をしとめる能力を持っている。一六年間で研究者が重量を測ったアチェの獲物は哺乳類七八種、爬虫類・両生類二一種、鳥類一五〇種、魚類一四種に及んだ。アチェの猟師はそれぞれの種の生態を熟知し、その習性に応じて弓矢、槍、罠、毒物など、様々な技術を状況によって駆使しながら獲物を獲得する。

キャプラン自身によると、自分のような「文明国」の研究者が狩猟採集民の調査に出かけていき、調査対象の人々の生業を何年も観察・研究したとしても、地元の猟師なみに狩の腕前をあげた者は未

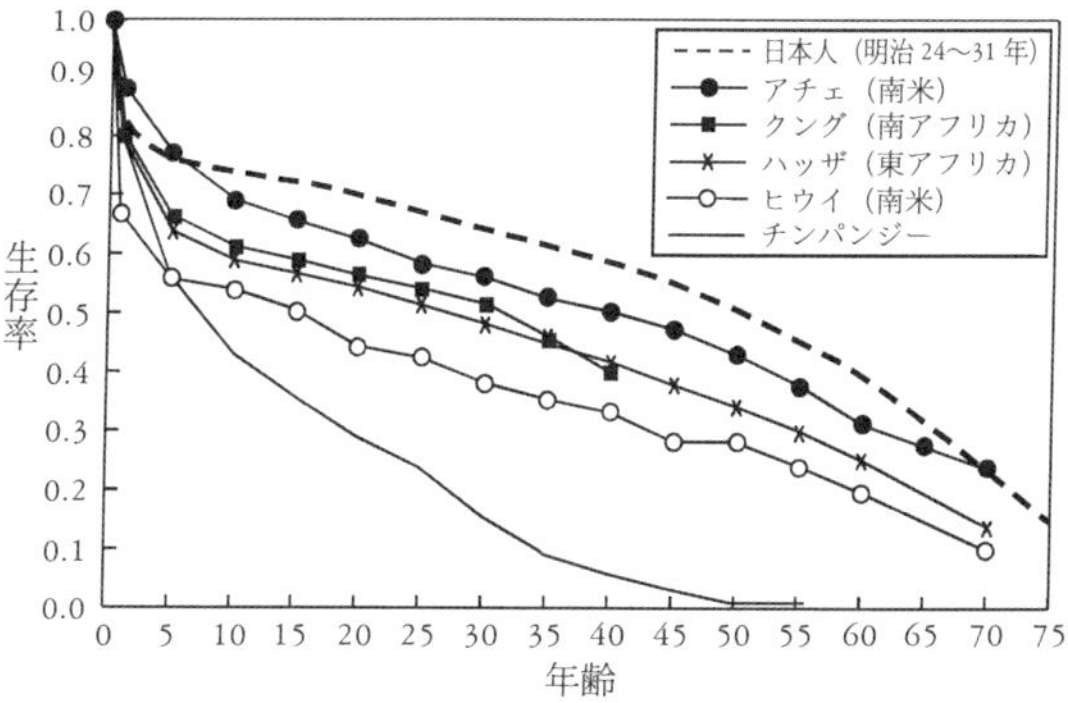

図5-3　人間とチンパンジーの生存曲線
出典：狩猟採集民とチンパンジー，文献21；日本人，厚生労働省

だかつて一人もいないそうである。本人も調査したアチェの男たちにとうてい及ぶものではないという。女性の収集活動にはある程度はついていけるが、それは腕力が多少は役に立つだけであって、収穫量としては、自分は彼女らのレベルには決していたらなかったという。

結果、生存率と繁殖率、双方の向上にヒトは成功した。ヒトの生活戦略は、進化の親類である類人猿と比較するとあきらかに成功しているかのように見える。チンパンジーと比較すると、ヒトの女性の出産間隔は短く、チンパンジーのメスはやや長い。生存曲線を見ると、ヒトのほうがチンパンジーよりもはるかに高い確率の領域を推移するし、長生きするヒトの割合が高く、特に狩猟採集民においても五〇歳以上まで生き延びるヒトは約三〇〜四〇パーセントにのぼることが図5-3から読みとれる。図には比較として、日本の明治期の生存曲線を並記したが、それを狩猟採集民の生存曲線と比べると、狩猟採集民の幼児死亡率はかなり高いが、大人の生存率には当時の日本人と狩猟採集民とは大差は見られない。

（3）少子化の進化

生物学に基づく理論でヒトの進化はかなりすんなりと説明できる、とここで結論にして、本を終わらせたいところであった。残念ながら、ヒトの生活史は生物学に対していくつかの大問題を突きつけてしまっているのが現状である。それらの問題をここでは少子化の進化と総称することにする。なぜ少子化が問題になるのか。それはヒトが進化の途上でこれほどまでも生存、食糧供給、そして繁殖の向上に努めてきたにもかかわらず、意外にもここにきて子供の数を減らしてしまう行動が発生しているからである。ここに、そのうちの二つを紹介する。一つはヒトが生涯を通して繁殖を継続しえない現象である。これが最も顕著に表れる場合が女性の閉経なので、人類学の文献では「閉経の問題」として議論によく登場している。もう一つは現代の社会における少子化である。

少子化を説明する考え方には二つの流れがある。一方は、少子化はヒトが進化の途上で生活史に組み込んだ、生物学的な適応としてとらえる。もう一方は、少子化をかなり最近の現象としてとらえ、人間の生業技術の発展によってもたらされた文明の副産物として考える。

まず前者では、研究者の多くは女性の生活史に着目し、閉経がなぜ進化しうるのかをさまざまな角度から説明を試みている。男性の場合も似た現象がうかがえる。男性はある程度の繁殖力を生涯を通して保ち続けるが、二〇歳代や三〇歳代と同じペースで生涯、繁殖を続ける男性は稀であろう。閉経にかかわる議論ではあまり注目にされていないようだが、繁殖力を持ちながらも繁殖をしない男性の方が、女性の閉経よりも不可解と考えることすらできる。

一般的な生物学の理論によれば生物は少しでも子孫の数を増やすために、生涯を通して繁殖を続けるはずであり、繁殖ができない年齢に達するということは、すなわち力尽きて死んでしまう時期を迎えたことを意味する。ヒト以外の生物では閉経は存在しないと思われている。よって、閉経はヒトに特有の現象である、と今までは信じられていた。ヒトは長寿を勝ち取ったにもかかわらず、なぜ生涯の途中で繁殖をやめてしまうのか、生物行動学にとっては難問の一つといえる。

閉経をかなり最近の現象とする考え方にかたよる仮説を、超長寿説と名づけよう。この説によると、閉経が顕著になった理由は、単に女性の寿命が極端に長くなったからである。ヒトの本来の寿命は約五〇年程度、と仮定すると、卵巣は五〇年程度しか排卵を続けるだけの卵を蓄えていないので、五〇歳前後で女性は閉経を経験するのである、という説明になる。

超長寿説を裏づける事実はヒト以外の霊長類の研究からある程度得られている。霊長類学者は「ヒト特有の特徴」と聞くと、すぐにサルにも同じ特徴を捜す衝動に駆られてしまう。閉経も同じで、霊長類学者は長寿のサルに着目して、研究を進めてきた。霊長類学にとってこれは難しい研究になってしまっている。生物学の理論は大まかには正しく、霊長類のメスのほとんどが死ぬまで繁殖を続けていたのであった。たとえ少数のメスが閉経を経験していたとしても、閉経は普段の観察によって見える現象ではない。フィールド研究ではメスの排卵を確認する手段はなく、こまめにメスのホルモン分泌の調べることも容易ではない。

しかし、霊長類学としては幸いに、調査地を数十年間をも維持する努力が実りをみせた。「超長期調査」ともいえるほど長い年月にわたって研究が維持されているフィールド調査地の記録のなかから超長寿メス達が浮かび上がってきたのである。記録のなかから、メスの死亡年から遡って最後の出産までの年数を抽出する。すると、非常に長生きしたメスのうちに、死亡する前の数年間に出産がない、あるいは発情もないメスが発見できたのである。たとえば、京都の嵐山の野猿公園に住むニホンザルの記録によると、二〇年以上生きていたメスのうち、最後の出産から死ぬまで平均六年が経過していた。幼児が独立するまでかかる一・五年を差し引くと、「繁殖終了後」の生存期間は約四・五年という推計になり、このメス達の生涯（平均二七・三年）の一六パーセントを占めていた。[57]「繁殖終了」とは結果論であり、メス達は繁殖行動を続けていたが、一頭の高齢メスは発情も交尾も示さなくなっていた。飼育下でアカゲザルを調べた研究では、二七〜三四歳のメスは閉経の生理とホルモンの状態にあった、と報告している。[60] しかし、霊長類の研究者の多くは、閉経の兆候を表すサルのメスは自然状態ではあり得ないほど高齢に達しているので、閉経がサルの通常の生活で経験するものとは考えにくい、と結論づけている。[44]

超長寿説とは対照的に、閉経をヒトの種としての適応であると主張する生物学者は、人口学の原点にもどり、ヒトの生存曲線を再点検する。生存曲線をもう一度よく見ると（図5-3）、ヒトの長寿は決して珍しい例外的な現象ではないことが表されている。閉経を経験する女性は決して老齢と言える年齢に達しているわけでもなければ、栄養失調で体が弱っているわけでもない。閉経は健康な女性が普通に経験する生理現象なのである。

閉経を適応として説明する有力な仮説は「祖母説」（grandmother hypothesis）と呼ばれている[2][15][34]。この仮説のによれば、女性にとって重大な生涯の駆け引きが閉経の背景にある。それは、自分で繁殖を続けるか、それとも祖母として、すでに生まれてきた子の繁殖の手助けをするか、という駆け引きである。もう一度出産の負担とリスクを自分で負うか、それとも、余生のエネルギーを娘や息子とともに孫を育てることに向けるか。理論的には、第一子を出産した以降にいつでも発動しうる駆け引きである。

すでに子供を一人育てている母親は、次の課題に直面する——もし、子をもう一人産んだ場合、その子を一人前に育てるまで生き延びることができるであろうか。子供の成長期間が長いヒトにとっては特に切実な課題といえる。ヒトの生涯においては、悲しいかな、親子が共倒れになりうる期間が長いのである。

次の子を出産するべきか。若いお母さんにとって答えは簡単かもしれない。次の子を出産してから、その子が一人前になるまで自分が生存する確率はかなり高いと予測できる。子供が少ない母親も、繁殖を続けることにより子孫を増やせるであろう。しかし、すでに数人の子供を一人前に育てている母親にとって、駆け引きの計算はかなり変わってくる。ヒトは、食物の分配など、世代間で助け合う方法を多く持つ。また、いつの時代においても、親がいかなる年齢であっても、子育てには大変な労力が必要であることは、現在のお母様方もうなずけるのではないか。さらに、ヒトの女性にとって、出産それ事態がかなり危険をともなう。歴史的に、難産による死亡は女性の主要な死因の一つであった。医療が発達している現在においても女性は難産を恐れる。そして、出産と子育ての負担は歳とともに重く感じられるであろう。

ヒトの進化の途上、閉経が進化した状況を想像すると、以下のようなシナリオになるのではないか。ヒトの寿命の延長とともに、繁殖期間もそれに伴って高齢の方向に変化していった可能性があったと考えられる。女性にとってはかなりの高齢出産も珍しくなかったはずであった。ところが、ある年齢に達した女性が、末っ子が一人前に育つ前に自分が亡くなってしまう確率がやや高くなっているとしよう。その年齢で、もはや次の子の出産はあきらめた母親がいたとする。その母親は生存の確率をやや高める、と同時に時間とエネルギーを生活の違う方向に向けることが可能になる。大家族で生活していれば、家族の生業に貢献し続けるであろうし、孫の面倒も多少は見てやれる。この駆け引きの結果から生じた結論が約五〇歳の閉経、と考えるのが、「祖母説」である。

超長寿説と祖母説を検証する要のデータは、残念ながら今は知る由がないことかもしれない。閉経が進化の途上でいつごろに発生したかを化石から知ることはできない。もし、ここ一万年程度のあいだに生存率が向上し、七〇歳の老人が普通に社会に生活するようになったとしたら、超長寿説にとって有利といえる。しかし、生存率や閉経の時期など、生活史の根本的な特徴はそれほど変化が早くなく、生活史の各部分は総合的に一緒に変化する、と考えれば祖母説のほうが有力な仮説として認められる。

(4) 現代の少子化

合計特殊出生率は女性が一生に産む子供の人数の平均と定義されている。厚生労働省は二〇〇二年に日本人の女性の合計特殊出生率は一・三二人まで下がった、と発表している。人口を維持するために必要な出生率の目安を二・〇以上とすると、日本人の出生率では人口は維持できないことは明白である。もし、野生動物の出生率が一・三二にまで下がったとすれば、生態学者はその種は飢餓の状態にあると考えるであろう。ところが、人間の低出生率は人類史上最も豊かな社会において起こっている。先進諸国の多くでは出生率は低い——イタリア一・二四、ドイツ一・四二、イギリス一・六三。

これは、生物学として、どういう意味なのか。読者の多くは、現代の少子化には生物学的な意味はない、と思われるかもしれない。経済の発展とともに出生率が低下する現象は人口学において「人口の転換」(demographic transition) と称されていて、盛んに研究されてきた。そして、現代の少子化は、ごく最近に起こっている現象であり、その原因は現代に特有の社会的、経済的な要因の影響を多分に受けて発生していることも事実である。少子化問題に生物学者が口を挟む余地はない、と主張する読者もいるであろう。

しかし、生物行動学者は少子化を無視できないでいる。彼らの多くは、現代の少子化を進化論に対する重大な挑戦として受け止めている。もちろん、出生率の変化それ自体は生物学でいう進化とは考えていない。生物学者は、ヒトという生物の本性について悩んでいるのである。このような急激な少子化を許すヒトは一体、どのような生物なのか。

生物学者が特にこだわる点は、少子化が人類史上、最も裕福な社会で発生している点にある。生活が貧しいために出生率が低下してしまうのは合点がいく。ところが、裕福な人々ほど、子供の数が少ないのである。普通の生物ならば、食べ物が豊富になると出生率は高くなるはずではないか。生物は繁殖成功度を最大化するように進化したはずではないか。たとえ文明に染まった現代人であっても、生物の原理に完全に矛盾する行動をとることなどない、と生物学者は力説する。にもかかわらず、このヒトという奇異な生物は、自らの潜在的な繁殖力よりはるかに低いレベルでしか子孫を残そうとしていないのである。現代人の少子化は生態学の常識からはかけ離れている、と生物学者は考えざるをえない。

人口の転換が、ヒトの生活史の本質にかかわる問題であることは確かである。生物学と人口学、双方の研究分野にとって難しいことに、人口の転換は近代社会における技術の発展を引き合いにする類の、小手先の説明では説明できない。避妊ピルなどの避妊技術が普及するはるか前から、ヨーロッパでは人口の転換は始まっていた。ヨーロッパ諸国の人々は一九世紀の半ばから高死亡・高出生から低死亡・低出生へと人口動態を転換させてきた。

表 5-4　職業と夫婦の子供の人数：イングランドとウェールズ，1911 年（妻は 45 歳以上）

職　業	夫婦ごとの生存する子供（人数）
専門職（Professional）	2.94
一般事務員（Lower white collar）	3.38
技能労働（Skilled manual）	3.82
準技能労働（Semiskilled manual）	3.79
労働者（Unskilled）	3.88
繊維産業（Textiles）	3.31
炭鉱労働者（Coal mining）	4.45
農業労働者（Agricultural labourers）	4.57

出典：文献 37

そして当時から、裕福な社会階層から少子化が発展していった。二〇世紀初頭での、職業と生涯出生率の関係に関するデータが文献に発表されている（表5-4）。このデータによると農業労働者や炭鉱労働者の夫婦は子供の人数が約四・五人に対して、「プロフェッショナル」（実業家、医師、弁護士などをさしていると思われる）は二・九人であったそうである。社会層によって生活史戦略が異なるのは明白である。

少子化の生物学的な説明を求めて考案された考え方の流れを二種類ここで紹介する。まず、あまり成果をあげなかった理論から始めよう。これは、いわば常識的な生態学のなかで説明をこころみた。少子化を説明するために「最適化」の概念を応用する。最適化論は最大化論よりちょっと複雑な考え方だが、たとえ話にいいかえると、「急がば回れ」の理論といえる。この場合、子孫の数を孫の人数で数えてみる。つまり、子供の人数が増えすぎても様々な不都合が起こり、孫の人数がむしろ減ってしまう可能性を考慮する仮設である。孫の人数を最大化するために、自分の子供は最適な人数にとどめる、という予測になる。H・キャプランらはこの仮説を検証するべく、アメリカのニューメキシコ州に住む男性の子供と孫の人数を調べた[22][37]。結果は、最適化の理論にとっては残念ながら、子供の人数が多いほど孫も多いというデータになった。単純な最適化理論では少子化を説明するにはいたらないことが実証された。

単純な生態理論では説明がつかない少子化を探求するために、生物学者はヒトの本性を探る方向へと議論の焦点を移すようになってきた。人類共通の家族計画の探求、とでも言えるであろう。これはヒトの深層心理のなかに潜む、人々が生活を計画する動機を見いだす方向へと発展しつつある。ヒトの心理は長い狩猟・採集生活の時代に培われたものなので、現在の生活には不適合かもしれない。しかし、ヒト本来の親心は、現代にも発揮されているに違いない、という前提に基づいて研究が進められている。このような研究をよく見ると、ヒトの深層心理も生涯の駆け引きから由来する、という生活史理論の原理が働いている。

M・ムルダーは、少子化の説明に富の蓄積を重視する人類学者の一人である[37]。人間は富の蓄積に対して非常に強い執着心を持つために、それを生活のなかで優先させてしまう心理を持つ、という説である。そこで、生涯において、早めの子作りと更なる富の蓄積の間を選ばなければならない場合、後者を選んでしまう、と説明する。ムルダー自身、東アフリカのある遊牧民の結婚と家族計画を調べる研究に参加している。この民族は、一夫多妻の家族が一般的で、子だくさんを良しとしながらも、男性が結婚を決める動機は、子孫の人数ではなく、物質的な計算に基づいている場合が多い。すなわち、世帯主の男性は、妻をただ多く娶るのではなく、一人一人の子供にできる限り多くの資産（すなわち家畜）を継がせるような資産管理をしているそうである。このような心理は子育てを助ける結果に最終的にはなったはずである。資源のほとんどは食物のように生活に必要な物資であっただろう。ところが、いわば無限に富を蓄積することが、産業革命後の生活では可能になってしまう。そして、とりあえず生活のゆとりを追求しているうちに、子供が少ないまま一生を終えてしまう人々が増えているのである、という理論で現代の少子化を説明する。

少子化のもう一つの説明は、子供の質と数の駆け引きに注目する。子育ては次世代への投資の一種類と考えられる。生物行動学によると、ヒトの親も子供に対する投資戦略を持っているはずである。そして、親は子供の質と数の駆け引きに対して答えを出さなければならない、と生活史理論では仮定されている。

この議論の次のステップでは現代社会における同じ要因に生物学と人口学が着目した。ほかならぬ、教育費である。

投資理論によって少子化を説明しようとするキャプランは体力、知識、経験、技術など、一人一人の人間が身につける能力を「身体化資本（embodied capital）」と呼ぶ[20]。彼によると、ヒトは身体化資本の価値を高めることにより進化してきた。よって、子供にできる限り多くの身体化資本を身につけさせることが親心である、と力説する。そして、現代の少子化の説明に、キャプランは教育費の影響を強調する。産業革命とともに多くの人々は教育を受ける機会を得ることとなった。と同時に、教育を受けなければ職を得られない社会層も増えてきたといえる。ところが、子供の教育はいつの時代であろうとも非常にコストがかかる。子供が大勢いては教育費がかさみ、家計は成り立たなくなってしまう。その事実を前提に、子供たちが十分な教育を受けられるように、教育の恩恵を最も受ける社会層から先に、親達は子供の数を減らしてきたのではないか、とキャプランは提案する。

この仮説による少子化の説明を要約すると、現代の親は子の質を選ぶ必要性を感じているために、子供の人数を減らしているのである。親の深層心理では親は子に社会で成功してほしい、と推測する。そのために親は子に多額の投資をつぎ込む。食事をさせ、服を着せ、結婚の費用を払う。生活ができるように生業の訓練をする。家業や財産や土地を継がせるかもしれない。ところが、親の時間とエネルギーと財産には限りがある。生まれてくる子全員に満足な投資ができるであろうか、親の悩むところであろう。

貧しくてもいい、子は宝、と考えて大家族を選ぶ親もいるであろう。しかし、同世代との競争に勝ち抜けるように、子供の一人一人に人並みの投資を、あるいは人並み以上の投資をせざるをえない、と感じる親は子供の人数を制限する方向を選択するかもしれない。子供の質と数を天秤にかけた時、人間の深層心理として、生活に質を追求する余裕があれば、質を選択する。この判断にヒトの生活戦略が表されているのである、という主張になる。

「富の蓄積」と「教育投資」。私たちの生活を顧みると、どちらの仮説にもある程度は説得力があるように思える。もちろん、この二つだけの理論で現代の少子化がすべて説明されることはないであろしている。

私たちも生命維持・成長・繁殖からなる三巴の駆け引きから逃れることは出来ない。むしろ、この駆け引きは生活の変化とともに形を変えて、より先鋭化しているのではないであろうか。ここからは、私なりに、現代人の生活史の特質をもう少し整理して、本の締めくくりにしたい。ただし、私の専門分野から離れることになるので、人口学や社会学の専門家がすでに似たような理論を提案しているならば、お許しをいただきたい。

人間の生活史の特徴は、すべてを列挙すれば、かなり長いリストになりそうだ。私はここで一つだけ選ぶことにする。実は、この章のために資料を集めているうちに、H・キャプランらが提唱する「生涯のエネルギー収支」を人間の生活史を決定する重要な条件であると認めるようになった。そこで、この生涯エネルギー収支を人間の生活史の究極の特徴として選び、議論の焦点としたい。

これを選ぶ理由は二つある。まずは、キャプランらが指摘するとおりに、人間と他の霊長類の生態に存在する重要な違いの一つだからである。食物の分配が少ないヒト以外の霊長類のエネルギー収支は、年齢毎にほぼ均等して生涯を通して推移する。対照的に、食物の分配によって生活する人間は、生涯を通してエネルギー収支が大きく変動する。子供はエネルギー収支がマイナスなのに対して、皆の生活を支える大人のエネルギー収支は大きくプラスでなければならない。このエネルギー収支を可能にするために人間はあらゆる技術や能力を発展させてきたのである、と言っても過言ではないように思う。

う。ここでは、人間の本性を探求しようとする生物学を解説するとともに、私たちの直面する生活の駆け引きについて考える問題意識を、読者に持っていただきたいのである。

3　現代社会の駆け引き

ヒトの系統はチンパンジーとゴリラから分岐し、独自の進化の道を歩み始めた。その後、現在にいたる数百万年もの長い年月の大部分を人間は狩猟と採集によって生活してきた。狩猟と採集を営みながら、生きる場を求めてヒトは地球の隅々まで大地を歩いたのであった。そして、狩猟採集を通して培ったその身体と心は、他の霊長類にはない能力を発揮しうる、発揮すべき生活史を進化させてきた。狩猟採集民の発揮する能力には農耕や牧畜という新たな生業の開発もあった。農耕と牧畜はヒトの進化の長い歴史の途上ではごく最近とも言うべき、たったの約二万前から一万年前からしか営まれていない。人間は一生懸命に知恵をしぼり、地球のさまざまな環境で牧畜と農耕を成功させてきた。

人々は農耕や牧畜を開発するとともに、自らの生活史をも新しい生業に合わせてきた。とうとう現在にいたっては、なんと狩猟採集民の身体と心のままで、私たちは高度な技術産業経済における生活史を模索しようとしている。これにより、人類は自らの生活史にまつわるまた新たな駆け引きに直面生涯エネルギー収支を選ぶもう一つの理由は、これが形を変えて、現在の私たちの生活をも左右する大事な条件であると提案したいからである。生涯のエネルギー収支は生業や職業によって異なるのであろうか。たとえば、生業や職業によって私たちの生涯の駆け引きは変わるはずではないのか。このように考えると、新しい疑問が次々に沸いてくる。

H・キャプランらが狩猟採集民の生涯エネルギー収支を詳細に調べた理由は、子供のエネルギー収支がマイナスであることを確認するためであった。子供は成人になるまで親や周囲の支援がなければ生きていけないことをキャプランらは強調し、他の霊長類とは違うヒトの生活史を明確にしようとした。

一方、彼らの理論は若者の違う側面も見せてくれる。狩猟採集民の子供たちは大人のお手伝いをしながら、ある程度は生活に貢献し、ちょうど純生産がプラスに転じる二〇歳前後から自分の力で家族の生活を支えられるようになり、結婚する。身体の成長が完成する二〇歳にあわせて、エネルギー収支もプラスに転じるように、タイミングよく身体と生活が成長するように進化した、と、このデータから人間の進化のシナリオを描いてもよいかもしれない。

このシナリオを立証するための研究はキャプランらに任せることにして、私にとっては、人間の若者について大事な設問が浮かび上がってきた――（1）子供たちはどの程度自分の生活に貢献しているのであろうか、（2）何歳で若者たちのエネルギー収支はマイナスからプラスに転じるのであろうか、（3）どの年齢層が社会を支えているのであろうか。

これらの設問の答えは生業のシステムによって異なることが想定できる。エネルギー収支の転換年齢が若い場合は、子供たちが家計に速くから貢献していることを意味する。転換年齢が高い場合は子供たちは親に負担を長くかけ続けている可能性がある。高度産業化社会では生産年齢層が狭くなり、その層の負担はますます重くなっていくのではないか。

これから生業によって異なる生活に対する年齢別の貢献を検討してみたい。ただし、生活への貢献が食物調達に限らない場合や、エネルギー換算ができない活動も考慮しなければならないので、これからは「生涯生活収支」という表現を使い、生活収支がプラスに転じる年齢を「転換年齢」と呼ぶことにする。

牧畜民や農耕民の子供達はかなり大人のお手伝いができるようである。牧畜民では若者は家畜の放牧を任されることが多い。東アフリカのタンザニアに生活する、ダトーガという牧畜民に関する論文が手元にある[50]。この論文によると年齢によって若者たちが任される家畜の種類、および放牧する場所が異なる。集落の近くで子ウシやヤギなどの小型の家畜を放牧する若者の年齢は平均一四・五歳、近辺の平野でウシを放牧する若者は平均で一六歳、やや遠くの湖までウシを連れていく若者は平均一七・五歳、最も遠く、危険な丘陵地へウシを連れて旅に出かける若者は平均一九歳。残念ながら、この論文にはエネルギーなどといった、生涯生活収支を量的に検討するに足りるデータはなかった。

ある農耕民の生涯生活収支についての研究がＫ・クレーマーらによって行なわれている[25][28]。彼女らはメキシコの農耕民族であるマヤと生活を共にし、マヤの人々による生涯を通しての生活における労働時間を詳細に調べた。結論から紹介すると、マヤの子供たちはかなり早い年齢から生活収支がプラスに転換する、とクレーマーらは発見した。しかも、結婚するまでは実家の家計を支援し、結果的には子だくさんな農耕民の家族形態を可能にしているのだ、という考えを支持する結論に到達する。調査されたマヤの村では、一家毎の子供の平均は七人、女性の出産間隔は平均で二・二年であった。

マヤはトウモロコシを主食とするが、子供たちは種まき、除草、収穫、荷物運び、トウモロコシの実を芯から取る作業など、トウモロコシ栽培にまつわるさまざまな仕事で親を手伝うことができる。水運び、洗い物、掃除、家畜に餌をあたえたり、家事の手伝いも幅広くこなす。お手伝いのおかげで生活収支がプラスに転じる年齢は男の子で一九歳、女の子は一二歳であった。結婚する年齢は平均で男子は二二歳と女子は一九歳なので、数年間は実家の家計に大きく貢献し、兄姉は弟妹の養育も助ける。結果として、結婚して実家を離れるまでに、自分が親に掛けた負担を男子は八二パーセント、女子は七六パーセントまでもお返しししていたのであった。

クレーマーらは、生活収支が転換する年齢が低い民族を研究した。もし、転換年齢が高い社会の例を探すとしたら、まさしく私たちの高度産業化社会ではないか。クレーマーらが描く農耕民の生涯収支と、私たちの産業社会の生涯収支を比較するとしたら、どのような違いが見えてくるであろうか。

この設問に答える出発として、生涯生活収支のモデルを考え、図5-4に描いてみた。図には生活収支を表す二つの曲線を書いた。一つは、一家総出で働く社会における生涯生活収支を想定している。農耕民、牧畜民、商店、職人など、一家が総出で家業に勤しむ社会を想像している。クレーマーのマ

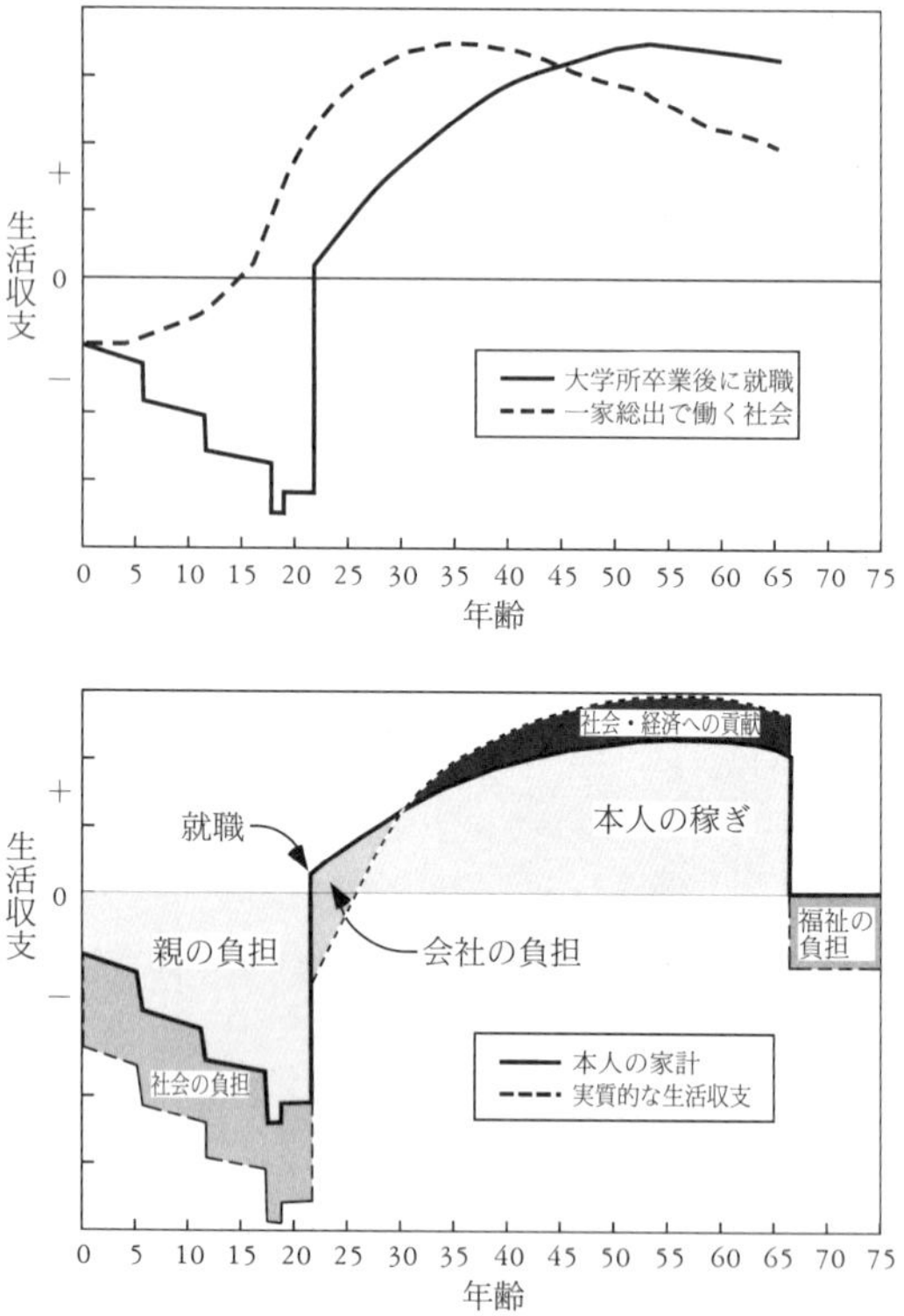

図 5-4　筆者による現代人の生涯生活収支モデル

ヤ民族と同じように、この曲線には収支転換年齢を低く描き、大人の生産性が最も高い年齢を、働き盛りの約三〇歳から四〇歳と想定した。産業革命の前に人々が普通の生活のなかで身につけていったであろう生活の能力や体力を考えると、常識的な曲線ではないであろうか。では、産業経済の生涯生活収支はどのように推移するのであろうか。現在の私たちの生活における生涯生活収支について考えて見よう。

三巴の駆け引きを現代の生活に当てはめて見てよう。生命維持は職業、成長は教育、繁殖は家族と子育て、と置き換える。そうすると、私たちの現在の生活史の駆け引きは教育・職業・家族の間に生じていると考えられる。生涯において、教育・職業・家族をいかに生活史のなかに位置づけるかを私たちは決めながら生きていかなければならない。では、生活史理論をもう一度だけ確認してみると、生涯の多くの期間では生物は生活の領域を両立させなければならない。まず、成体になるまでは成長と生命維持を両立させなければならない。成体になると、今度は繁殖と生命維持を両立させる。

ところが、産業経済に住む私たちは生活領域の両立が難しくなっているように見える。若者はますます自らの教育に専念するようになり、教育と職業の同時進行が得難くなってきた。若者は教育を早く切上げて就職するか、就職を遅らせて教育を続けるか、選択を迫られる。また、高学歴社会では教育と家族との関係にもおもわぬ駆け引きが生じてしまう。さらに、職業と家族の両立がますます厳しくなっていることは、最近の言論や報道でよく取りあげられている。教育、職業、そして家族の間に生じる駆け引きのおかげで、私たちの生涯生活収支が産業革命後から大きく変化してきた。

まず、一つ指摘できる現象は、子供の完全コスト化ではないか。受験戦争が厳しくなるなか、子供達は勉強に専念するようになり、家事の手伝いもままならない。ごく最近まで、日本の子供達も家業のお手伝いをさせようと思えば可能であった。農家であれば田植えに参加したかもしれない。都会の子も、お店の留守番ぐらいはできたであろう。多くの子は手伝ううちに家業を継いだかもしれない。

職人への道を選んだ子は若くして弟子入りした。しかし、学校に通う子は家業のお手伝いをしなくなる。

また、現在の産業システムでは職場と家庭の分離が発生してしまっている。多くの家族は、家業を手伝えるような職業をもたない。普通のサラリーマンの子はお手伝いとして親の会社でアルバイトをすることは考えられない。さらに、家庭内でも家計の分離が発展している。家族の一人一人はみな自分の独立した家計簿をもつようになってきた。アルバイトをしている子は収入を母親に丸ごと渡すであろうか。実際に家計簿をつけているかは別にして、子供達は自分のお金や所有物を一家のなかで区別するようになった。結果として、子供は一家の家計の足しになるような活動はほとんどしなくなった家庭が多い。しかも、親の家計にとって、子の収支はその子の成長とともに減るどころか、教育費のために増額していく。日本の学生の何パーセントがアルバイトで得た収入を学費に充てるであろうか。何割かの大学生は自分の学費と生活費を稼ぎながら大学に通っているかもしれないが、いまとなっては大学生人口のなかでは少ないであろう。現代の子供たちは完全コスト化し、子育ての高コスト化に拍車をかけているのではないか。

高学歴の追求とともに、発生しているもう一つの現象が、ますます高くなっていく生活収支がプラスに転換する年齢ではないか。大学を卒業してから就職する、典型的なサラリーマンコースでは、経済的な自立は早くても二二歳を過ぎてからになる。それまでは親にとって大学生の子供は完全コストであり、しかも大学生の時期が最も負担が重くなる時期でもある。医学部からの卒業は早くても二四歳。浪人していたり、大学院や法科専門学校に進学すると、経済的な自立はますます遅れてしまう。

教育が終了すると就職によって生活収支はプラスに転じるはずである。ようやく大学を卒業した子が就職すると、家族の経済収支はどうなるか。家計の分離が起こっている場合、親と子の家計を別々に検討する必要がある。就職した本人の家計簿はプラスに見えるであろう。親の家計簿のうえではどうか。子供が実家に住み続ける場合を考えよう。もし、その子が給料を母親に渡して、家計を親と一にすれば、子の経済収支が就職によってプラスに転じた、という計算ができる。しかし、その同じ子が自分の給料は自分のものと考えていれば、親の家計簿のうえではその子の経済収支はマイナスのままである。

本人の家計と親の家計を区別して考えてみたが、さらに、社会全体にとっての個人の負担も別に検討しなければならない。たとえば、親の払う学費だけで教育は成り立っていない。多くの公的な支援によって学校は成り立っている。子供のコストは親の家計簿に反映されているより、またさらに多くの費用がかかっている。ある推計によると、親はマクロの子育コストの約五四パーセントのみを負担している。(23)

同じことが、経済的に自立しているかのように見える若者の多くについても、言えるのではないか。親に負担をかけずに、奨学金や授業料免除をもらっている学生の場合は、あきらかに社会に支えられることにより勉強が続けられる。就職した若者はどうか。就職によって若者が教育期間を卒業し、生産年齢にようやく到達した、と単純に考えるわけにもいかない業種も多いはずである。

ここで経済学者に伺いたいところだが、新入社員の生活収支は企業にとってプラスなのか。見習いの段階にある新入社員は、依然として企業にとっては負担かもしれない。社内でさらに教育と訓練を受けた末、やっと企業にとって利益をあげる存在になる、と考えれば、新入社員はしばらくのあいだ企業にとって負担であり続ける。入社してからどれぐらいの期間で生活収支はプラスになるか、経営者に教えてもらいたい。その時こそ、若者の生活収支が、名実共に、プラスに転じる時になる（図5－4）。

では、生産者の年齢層はいったい何歳の人々から成っているのであろうか。生活収支が実質的意味でのプラスに転換する年齢は、二〇歳代の後半かもしれない。そして、私たちの社会のもう一つの特徴として、定年退職がある。仮に生産者の年齢を三〇歳から六五歳と過程しよう。すると、この三五年にわたる年齢層が私たちの社会全体を支えていることになる。夫婦のうち一人のみが仕事をしている場合、その一人で大人二人の生活費を稼がなければならない。子供の養育費用を払いながら、自分たち夫婦の定年後のための蓄えも準備しなければならない。そして税金を払うことを通して、社会一般をも、背負ってくれているのである。結果として、生産者一人で何人を養っているのか、私は計算できないが、数人を養っているのは確かであろう。

生産者層は狭くなり、生産者はますます忙しくなる現象が私たちの社会で起こっているとしたら、それはなぜであろうか。生涯の駆け引きによって、多くの人々による選択として生活史は導かれていく。教育と就職、結婚、子育て、教育費、マイホーム、老後。仕事と教育の両立が難しい場合は、卒業まで就職はおくれてしまう。就職したとしても、新入社員は安給料で忙しく働く身分にある。結局、男女問わず、経済的な生産性はなかなかあがらない。経済的な自立が結婚の前提と考えるならば、結果として二十代の後半まで結婚しないカップルはますます増えてしまう。（日本人の初婚年齢の平均は二〇〇二年現在に男子二八・五歳、女子二六・八歳である。）子育てと仕事の両立が難しい場合、夫婦の一方は子育てに専念し、もう一方の収入で家族全体を養うことになる。その一人の収入で家族の願望を全て満たせるならば幸いだが、夫婦が共に働く一家も多い。生活が全体的に裕福になったとはいえ、物価も高い。収入に対して出費や負債が多く、見かけほど裕福ではないのが日本人の家計の中身である。多くの家族はあらゆる生活の駆け引きに直面する。

教育費の高騰だけで少子化を説明できるかどうかは、私も疑問ではあるが、子育ての超高コスト化が現代に起こってしまっていることは確かであろう。現在の日本は高学歴・高教育費社会の最たる例といえる。産業革命以降、親の子への投資は学校に凝縮されつつあるように見える。現在にいたっては、ほとんど全ての職業で学校教育が前提になっている。しかも、学校教育は中流以上の社会層にとって、最も重要性を増してきた。表5-4のプロフェッショナル職こそ、学校教育の産物である。医師、弁護士、エンジニア、実業家、そしてサラリーマン、産業経済を特徴づける職業はみな高等教育を前提に成り立っている。若者がプロフェッショナル職を得るのは、長期に及ぶ高額な学校教育を受けてはじめて可能になる。

教育費については様々な推計が存在する。国民生活金融公庫の教育ローンを利用した世帯では、教

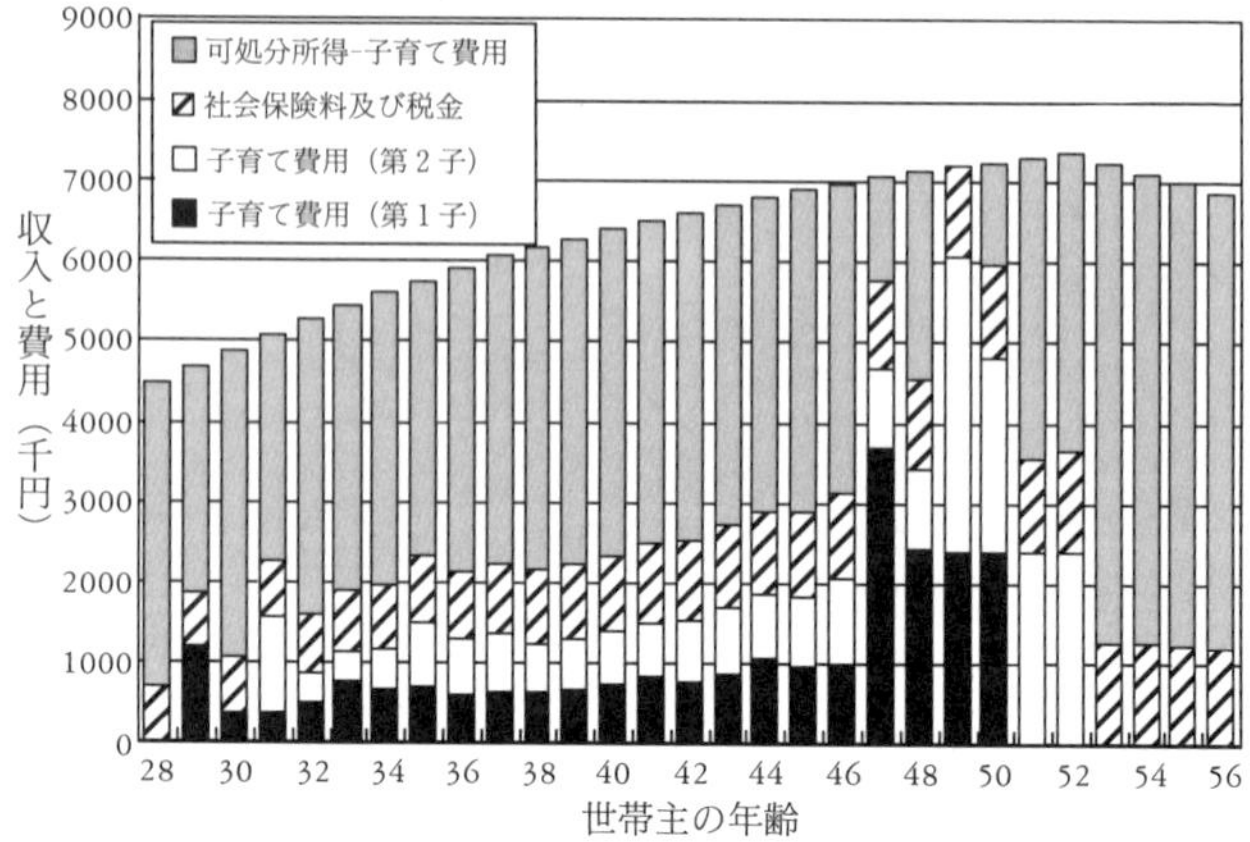

図5-5　子育て費用と可処分所得
出典：文献23

育費の家計に占める割合は、平均で三分の一になり、大学の入学費用は平均で一〇二万円、在学費用は年間平均で国公立が九三万円、私立は一〇四万円になる[24]。東京都教育庁の調べによると（平成一二年の集計）、子供一人の幼稚園から高校卒業までの一四年間の教育費は、公立学校の場合は約五七九万円、私立学校は約一八五〇万円に上る[59]。

教育費を含む、子供を育てる総費用は、就学コースを私立幼稚園――公立小中高校――私立大学と過程すると、子供一人で二四〇〇万円になる、とこども未来財団は推定する[23]。子育てコストは親子の年齢とともに変化するので、その影響を見るために世帯主の年齢別に整理した家計に占める子育て費用を図5-5に示した。この図は男子二八歳、女子二六歳で結婚し、男子が二九歳で第一子が誕生し、以降第二子は三一歳で誕生する家族のケースを想定している。図を見てわかるように、子供が生まれる夫が三〇歳前後と、子供が大学に進学する四〇歳後半の時期の経済的負担が非常に大きくなる。特に第二子が大学に入学する四九歳では可処分所得と同等額の子育て費用がかかる計算になる。これを見ていると、もし、子育て費用が最もかさむ年齢を生涯で収入が最も高い五〇歳代に合わせるとすれば、三〇歳前後からの子育てはむしろ合理的とも言えるのではないか、と考え始めてしまう。

親の意識の上でも、子育てコストが家族計画に影響しているという資料はある。社会保障・人口問題研究所によるアンケート調査では、夫婦の予定子供数と理想子供数を比較している。[49] このなかで、予定子供数が理想子供数を下回る夫婦に、その理由を尋ねたところ、夫婦の六二・九パーセントは「子育てや教育にお金がかかりすぎるから」をトップに選んでいた。この理由を選ぶ割合は若い年齢層ほど多く、二〇歳代（妻の年齢）では八〇パーセントを越えている。

子供をもう一人望む親は、家計簿を見ながら難しい決断を迫られるにちがいない。子の将来を想像しながら、せめて自分と同じ程度の生活水準を維持してほしい、と思うのが親心であろう。そのためには、どのような学校に通わせなければならないのか。子供達はみんな公立の学校でよい、と考えれば一人約一〇〇〇万円プラスで教育できる。幼稚園から大学まで私立学校に子供を通わせるつもりでいる親は、約二四〇〇万円を準備しなければならない。しかし、もう一人の子をあきらめると、以上の金額は、その他の子育てコストとともに、まるまる家計簿に残る。すでに生まれてきている子に使うこともできれば、老後の蓄えの足しにもなる。年間の費用として教育費は住宅ローンをも上回る場合も多いなか、もう一人の子供をあきらめれば、同じ年収でマイホームを購入できる家庭もいるであろう。この計算を見て、読者のみなさんはどう判断しますか。

現代の人間は生物として一通りの欲求を満たせる、すばらしい生活を達成したかのように見える。人間は天敵をほぼ排除し、建築物や衣服によって身体を守り、食欲も性欲も社会欲も結構存分に満たせる社会を構築したように思える。しかし、ここに来て、H・キャプランが言う「身体化資本」を追求するあまりに、現代人の生活史が過去のそれと比較して根底から変わってしまっているような気がする。

もちろん、人口の転換をそれ自体「問題」と考えるかは意見がわかれるところであろう。人類の人口爆発を懸念するとしたら、少子化はむしろ歓迎されるべき現象であり、全世界の国々で親が高額の教育費に悩まされる未来を望むべきかもしれない。あるいは、結婚や子供を望まない人々は少子化を問題視しないかもしれない。また、人口減少の結果、私たちの文明が消滅したとしても驚くことではない。人類の歴史において名もない民族が何度となく消滅してきたはずであり、たとえ私たちの文明が消滅したとしても、新たな文明が後を継いでくれるであろう。

現在の生活が私たちが望むものならば、なんの問題もないと言える。皆が健康で、子供が働く必要もなく、教育を受け、自由に選んだ職に就き、長生きする社会は、まさしく私たちが望む社会ではないか。しかし、もし現在の人々が生涯の駆け引きを見誤っているとしたら残念である。私がここで提示したいのは、現在の社会において生活の駆け引きを上手に解決してバランスがとれた有意義な生涯

読書案内

著書

大塚柳太郎（他）(2002)『人類生態学』東京大学出版会.
岡崎陽一 (1999)『人口分析ハンドブック』古今書院.
京都大学霊長類研究所編 (2003)『霊長類学のすすめ』丸善.
『講座・生態人類学』(全 8 巻) (2001〜2002 年)，京都大学学術出版会.
杉山幸丸 (2000)『霊長類生態学 ── 環境と行動のダイナミズム』京都大学学術出版会.
鈴木隆雄 (1996)『日本人のからだ ── 健康・身体データ集』朝倉書店.
土肥昭夫・岩本俊孝・三浦慎悟・池田啓 (1997)『哺乳類の生態学』東京大学出版会.
西田利貞・上原重男（編）(1999)『霊長類学を学ぶ人のために』世界思想社.
濱田穣 (1999)「コドモ期が長いというヒトの特徴 ── 成長パターンからみた霊長類の進化」『科学』69 巻 4 号 350-358 ページ.
速水融 (2001)『歴史人口学で見た日本』(文春新書)，文藝春秋.
本川達雄 (1992)『ゾウの時間ネズミの時間 ── サイズの生物学』(中公新書)，中央公論社.
山極寿一・高畑由紀夫（編著）(2000)『ニホンザルの自然社会 ── エコミュージアムとしての屋久島』京都大学学術出版会.

ホームページ

学会

日本人口学会　http://wwwsoc.nii.ac.jp/paj/
日本人類学会　http://wwwsoc.nii.ac.jp/jinrui/
日本霊長類学会　http://wwwsoc.nii.ac.jp/psj2/

研究所

京都大学霊長類研究所　http://www.pri.kyoto-u.ac.jp/
国立社会保障・人口問題研究所　http://www.ipss.go.jp/

謝　辞

この本の執筆にあたり、多くの方々から資料を紹介していただいたり、相談にのっていただいた。これらの方々のご助言なくして、この本は完成することはできなかった。ここに、厚くお礼を申し上げる。また、京都大学学術出版会の高垣重和氏には大変のご迷惑をおかけし、完成まで多大の時間がかかってしまったことをおわびしたい。さらに、週末や休暇にまでも執筆に没頭していた私を見守ってくれた妻に感謝する。

を送ることに成功している、と私たち自身が感じているかを問う意識である。
読者の皆さん、あなたは生涯の駆け引きに勝っていると思いますか。

experience a long post-reproductive life span?: the cases of Japanese macaques and chimpanzees. *Primates* 36: 169-180.

(58) Thomas, F., F. Renaud, E. Benefice, T. De Meeus and J-F. Guegan (2001) International variability of ages at menarche and menopause: patterns and main determinants. *Human Biology* 73: 271-290.

(59) 東京都教育庁 (2001)『平成 12 年度保護者が負担する教育費調査—アンケート調査の結果について』東京都教育庁総務部教育情報課.

(60) Walker, M. L. (1995) Menopause in female rhesus monkeys. *American Journal of Primatology* 35: 59-71.

(61) West, G. B., J. H. Brown, and B. J. Enquist (1997) A general model for the origin of allometric scaling laws in biology. *Science* 276: 122-126.

(62) Yasuda, H. (1991) Survival rates for two dung beetle species, *Onthophagus lenzii* Harold and *Liatongus phanaeoides* Westweed (Coleoptera: Scarabaeidae), in the field. *Applied Entomology and Zoology* 26: 449-456.

infant chimpanzees of the Mahale Mountains National Park, Tanzania. *International Journal of Primatology* 17: 947–968.
(43) Packer, C., L. Herbst, A. E. Pusey, J. D. Bygott, J. P. Hanby, S. J. Cairns and M. B. Mulder (1988) Reproductive success of lions. In T. H. Clutton-Brock eds., *Reproductive Success: Studies in Individual Variation in Contrasting Breeding Systems*, Chicago University Press, Chicago, pp. 363–384.
(44) Pavelka, M. S. M., and L. M. Fedigan (1999) Reproductive termination in female Japanese monkeys: a comparative life history perspective. *American Journal of Physical Anthropology* 109: 455–464.
(45) Purvis, A. and P. H. Harvey (1995) Mammal life-history evolution: a comparative test of Charnov's model. *Journal of Zoology, London* 237: 259–283.
(46) Ross, C. (1998) Primate life histories. *Evolutionary Anthropology* 6: 54–63.
(47) Ross, C. (1999) Park or ride? Evolution of infant carrying in primates. *International Journal of Primatology* 22: 749–771.
(48) Ross, C. and K. E. Jones (1999) Socioecology and the evolution of primate reproductive rates. In P. C. Lee ed., *Comparative Primate Socioecology*, Cambridge University Press, Cambridge, pp. 167–203.
(49) 社会保障・人口問題研究所 (2002)『第 12 回出生動向基本調査，結婚と出産に関する全国調査，夫婦調査の結果概要』国立社会保障・人口問題研究所.
(50) Sieff, D. F. (1997) Herding strategies of the Datoga pastoralists of Tanzania: is household labor a limiting factor. *Human Ecology* 25: 519–544.
(51) Smith, B. H., T. L. Crummett and K. L. Brandt (1994) Ages of eruption of primate teeth: a compendium for aging individuals and comparing life histories. *Yearbook of Physical Anthropology* 37: 177–231.
(52) Smith, B. H. and R. L. Tompkins (1995) Toward a life history of the hominidae. *Annual Review of Anthropology* 24: 257–279.
(53) Stearns, S. C. (1992) *The Evolution of Life Histories*. Oxford University Press, Oxford.
(54) 杉山幸丸編 (1996)『サルの百科』データハウス，東京.
(55) 杉山幸丸編著 (2000)『霊長類生態学 —— 環境と行動のダイナミズム』京都大学学術出版会，京都.
(56) 鈴木隆雄 (1996)『日本人のからだ —— 健康・身体データ集』朝倉書店，東京.
(57) Takahata, Y., N. Koyama, and S. Suzuki (1995) Do the old aged females

は何かを知るために』講談社，東京.
(27) 京都大学霊長類研究所編 (2003)『霊長類学のすすめ』丸善，東京.
(28) Lee, R. D. and K. L. Kramer (2002) Children's economic roles in the Maya family life cycle: Cain, Caldwell, and Chayanov revisited. *Population and Development Review* 28: 475–499.
(29) Leigh, S. (1996) Evolution of human growth spurts. *American Journal of Physical Anthropology* 101: 455–474.
(30) Leigh, S. (2001) Evolution of human growth. *Evolutionary Anthropology* 10: 223–236.
(31) Leigh, S. and P. Park (1998) Evolution of human growth prolongation. *American Journal of Physical Anthropology* 107: 331–350.
(32) Leigh, S. and B. Shea (1995) Ontogeny and the evolution of adult body size dimorphism in apes. *American Journal of Primatlogy* 36: 37–60.
(33) Leigh, S. and B. Shea. (1996) Ontogenty of body size variation in African apes. *American Journal of Physical anthropology* 99: 43–65.
(34) Mace, R. (2000) Evolutionary ecology of human life history. *Animal Behaviour* 59: 1–10.
(35) Matsubara, M. and M. Funakoshi (2001) Observation of a wild Japanese macaque mother pacifying her distressed infant with an acorn. *Primates* 42: 171–173.
(36) 本川達雄 (1992)『ゾウの時間ネズミの時間 —— サイズの生物学』(中公新書) 中央公論社，東京.
(37) Mulder, M. B. (1998) The demographic transition: are we any closer to an evolutionary explanation? *Trends in Ecology and Evolution* 13: 266–270.
(38) 中川尚史 (1999)『食べる速さの生態学 —— サルたちの採食戦略』京都大学学術出版会，京都.
(39) Nakamura, I., M. Shimura, K. Nonaka and T. Miura (1986) Changes of recollected menarcheal age and month among women in Tokyo over a period of 90 years. *Annals of Human Biology* 13: 547–554.
(40) 南條善治・吉永一彦 (2002)『日本の世代生命表 —— 1891〜2000 年期間生命表に基づく』日本大学人口研究所.
(41) 西田利貞，保坂和彦 (2001)「霊長類における食物分配」. 西田利貞編『ホミニゼーション』(講座・生態人類学 8) 京都大学学術出版会，pp. 255–304.
(42) Nishida, T. and L. A. Turner (1996) Food transfer between mother and

in the chimpanzee (*Pan troglodytes*). *American Journal of Physical Anthropology* 118: 268-284.
(14) Harvey, P. H., R. D. Martin and T. H. Clutton-Brock (1987) Life histories in comparative perspective. In B. Smuts, D. Cheney, R. Seyfarth, R. Wrangham and T. Strhusaker eds., *Primate Societies*, Chicago University Press, Chicago, pp. 181-196.
(15) Hill, K. and H. Kaplan (1999) Life history traits in humans: theory and empirical studies. *Annual Review of Anthropology* 28: 397-430.
(16) Hiraiwa-Hasegawa, M. (1990) Maternal investment before weaning. In T. Nishida ed., *The Chimpanzees of the Mahale Mountains: Sexual and Life History Strategies*, University of Tokyo Press, Tokyo, pp. 257-266.
(17) Holden, C. and R. Mace (1999) Sexual dimorphism in stature and women's work: a phylogenetic cross-cultural analysis. *American Journal of Physical Anthropology* 110: 27-45.
(18) Jerison, H. J. (1973) *Evolution of the Brain and Intelligence*. Academic Press, New York.
(19) Jerison, J. (1976) Paleoneurology and the evolution of mind. *Scientific American* 234: 90-101.
(20) Kaplan, H. (1996) A theory of fertility and parental investment in traditional and modern human societies. *Yearbook of Physical Anthropology* 39: 91-135.
(21) Kaplan, H., K. Hill, J. Lancaster, and A. M. Hurtado (2000) A theory of human life history evolution: diet, intelligence and longevity. *Evolutionary Anthropology* 9: 156-185.
(22) Kaplan, H., J. Lancaster, J. Bock and S. Johnson (1995) Fertility and fitness among Albuquerque men a competitive market theory. In R. Dumbar ed., *Human Reproductive Decisions*. St Martin's Press, New York, pp. 96-136.
(23) こども未来財団 (2000)『平成 11 年度子育てに関する調査研究報告書 (概要版)』財団法人こども未来財団.
(24) 国民生活金融公庫 (2002)『平成 14 年度「家計における教育負担の実態調査」アンケート結果の概要』国民生活金曜公庫総合研究所.
(25) Kramer, K. L. and J. L. Boone (2002) Why intensive agriculturalists have higher fertility: a household energy budget approach. *Current Anthropology* 43: 511-517.
(26) 京都大学霊長類研究所編 (1992)『サル学なんでも小事典 ―― ヒトと

引用文献

(1) Barton, R. (1999) The evolutionary ecology of the primate brain. In P. C. Lee ed., *Comparative Primate Socioecology*, Cambridge University Press, Cambridge, pp. 167-203.

(2) Blurton Jones, N., K. Hawkes and J. F. O'Connell (1999) Some current ideas about the evolution of the human life history. In P. C. Lee, ed., *Comparative Primate Socioecology*, Cambridge University Press, pp. 140-166.

(3) Bogin, B. (1997) Evolutionary hypotheses for human childhood. *Yearbook of Physical Anthropology* 40: 63-89.

(4) Bogin, B. (1999a) *Patterns of Human Growth*, 2nd ed. Cambridge University Press, Cambridge.

(5) Bogin, B. (1999b) Evolutionary perspective on human growth. *Annual Review of Anthropology* 28: 109-153.

(6) Bogin, B. (2001) *The Growth of Humanity*. Wiley-Liss, New York.

(7) Charnov, E. L. and D. Berrigan (1993) Why do female primates have such long lifespans and so few babies? or life in the slow lane. *Evolutionary Anthropology* 1: 191-194.

(8) Clutton-Brock, T. H., S. D. Albon and F. E. Guiness (1988) Reproductive success in male and female red deer. In T. H. Clutton-Brock eds., *Reproductive Success: Studies in Individual Variation in Contrasting Breeding Systems*, University of Chicago Press, Chicago, pp. 325-343.

(9) Eisenberg, J. (1981) *The Mammalian Radiations: an Analysis of Trends in Evolution, Adaptation, and Behavior*. University of Chicago Press, Chicago.

(10) Fromentin, J-M. and A. Fonteneau (2001) Fishing effects and life history traits: a case study comparing tropical versus temperate tunas. *Fisheries Research* 53: 133-150.

(11) Garber, P. A. (2000) Evidence for the use of spatial, temporal, and social information by some primate foragers. In S. Boinski and P. A. Garber eds., *On the Move: How and Why Animals Travel in Groups*, Chicago University Press, Chicago, pp. 261-298.

(12) Hamada, Y., S. Hayakawa, J. Suzuki and S. Ohkura (1999) Adolescent growth and development in Japanese macaques (*Macaca fuscata*): punctuated adolescent growth spurt by season. *Primates* 40: 439-453.

(13) Hamada, Y. and T. Udono (2002) Longitudinal analysis of length growth

索　引

[索引]

David Sprague（デイビッド　スプレイグ）

独立行政法人 農業環境技術研究所生態管理ユニット研究リーダー．Ph. D.

1989年　イェール大学人類学部博士号取得．京都大学理学部特別研究員，京都大学アフリカ地域研究センター特別研究員，筑波大学講師，農業環境技術研究所主任研究官を経て現職．

専　門　霊長類社会生態学，保全生態学．

主　著　*Evolution and Ecology of Macaque Societies* (Cambridge University Press, 1996年，分担執筆)．*Human and Non-Human Primate Interconnections and Conservation: An Anthropological Perspective* (Cambridge UniversityPress, 2002年，分担執筆)．*Agriculture and Biodiversity: Developing Indicators for Policy Analysis* (OECD, 2003年，分担執筆)．

サルの生涯、ヒトの生涯

―― 人生計画の生物学　　　生態学ライブラリー13

2004 (平成16) 年5月15日　初版第一刷発行

著　者　D・スプレイグ

発行者　阪上　孝

発行所　京都大学学術出版会

京都市左京区吉田河原町15-9
京大会館内 (606-8305)

電　話　075-761-6182
FAX　075-761-6190
振　替　01000-8-64677

印刷・製本　株式会社クイックス

ISBN4-87698-313-5

Printed in Japan

生態学ライブラリー・第Ⅰ期

生態学ライブラリー・第II期（白抜きは既刊、＊は次回配本）

⓭サルの生涯、ヒトの生涯——人生計画の生物学　デイビッド・スプレイグ（D. Sprague）
⑭植物の生活誌——性の分化と繁殖戦略　高須英樹
⑮イワヒバリのすむ山——乱婚の生態学　中村雅彦
⑯マハレのチンパンジー——社会と生態　上原重男
⑰＊進化する病原体——ホスト－パラサイト共進化の数理　佐々木顕
⑱湖は碧か——生態化学量論からみたプランクトンの世界　占部城太郎
⓳植物のかたち——その適応的意義を探る　酒井聡樹
⓴森のねずみの生態学——個体数変動の謎を探る　齊藤　隆
㉑里のサルとつきあうには——野生動物の被害管理　室山泰之
㉒資源としての魚たち——利用しながらの保全　原田泰志
㉓シダの生活史——形と広がりの生態学　佐藤利幸
㉔ハンミョウの四季——多食性捕食昆虫の生活史と個体群　堀　道雄